AF192860

Descripción del Reino de Galicia

Edicións Morgante
Un selo de
Rinoceronte Editora SLU
Avenida de Lugo, 15
36940 Cangas do Morrazo
GALIZA – 2026
www.rinoceronte.gal/morgante

© desta edición: Edicións Morgante, 2026

Edición e transcrición: Roque Barcia e Tania Lago
Introdución: Ramón Villares
Notas: Calros Solla, Xe Freyre, Héitor Mera, Moisés Barcia e Roque Barcia
Corrección de estilo: Moisés Barcia
Corrección normativa e ortotipográfica: Estela Villar
Lector autorizado: Javier Gómez
Maquetaxe: Paula Yebra

Tipografía: Garamond Premier Pro 12/14
Papel: Offset editorial volume Torras de 80 g

ISBN: 978-84-19040-57-2
Depósito legal: VG 7-2026

Printed in Spain
Impresión e encadernación: Sacauntos Cooperativa Galega

Os papeis empregados nos libros de Rinoceronte Editora son producidos
por empresas que dispoñen do certificado FSC de cadea de custodia,
o cal garante que a madeira usada na súa fabricación procede de bosques
xestionados de maneira sustentable e non de ecosistemas primarios.

A reprodución total ou parcial deste libro con fins
comerciais debe solicitarse previamente ao editor.

Bartolomé Sagrario de Molina

Descripción del Reino de Galicia

y de las cosas notables de él

 **Morgante** *
Edicións

Galicia vista por un humanista

Unha reflexión historiográfica sobre a obra do licenciado Molina
(prólogo da edición de 1998)

A época final da Idade Media trouxo para Galicia moi fortes e fondas mudanzas. As loitas irmandiñas e os conflitos dinásticos ocuparon varias décadas da segunda metade do século xv. O asentamento en Galicia de institucións representantes da monarquía e a submisión política da nobreza foron dúas das consecuencias máis evidentes destes cambios. A *restauratio* promovida polas reformas dos Reis Católicos axiña se concretou en figuras como as do Gobernador e Capitán Xeneral de Galicia, así como nunha institución chave da Galicia moderna, como foi a Real Audiencia. A sociedade galega comezou a ser gobernada doutro modo, máis por parte de letrados e comisarios do poder monárquico que por parte de escudeiros e membros da nobreza feudal local. Foi, como nos advirte con frecuencia Pegerto Saavedra, unha etapa de clara inflexión no decorrer histórico de Galicia.

E, ademais, hai que ter en conta as mudanzas xeopolíticas que teñen lugar nos anos finais do século xv, coa conclusión exitosa das dúas grandes aventuras ultramarinas das monarquías de Castela e de Portugal. Cristovo Colón retorna no ano 1493 fachendoso do seu periplo polo que el reputaba seren as Indias occidentais e Vasco da Gama, en 1498, arribaba a Goa, na verdadeira India, a oriental. Neste contexto, de clara dislocación do centro de gravidade peninsular cara ó sur, «Galicia fica á defensiva», como ten dito Otero Pedrayo.

Non obstante, non todo foron desventuras. As cidades galegas lograron mante-la súa actividade mercantil, de trasfega con panos e viños nas grandes rutas europeas do comercio. Eran podentes as confrarías de mareantes, como a de Pontevedra, e navegantes de orixe galaica sucaban os mares do sur. Os campos, que ficaran ermos nos tempos baixomedie-

vais, volveron ser postos en explotación baixo pautas monásticas e dirección labrega. As institucións eclesiásticas, que se viran moi incómodas
coas prácticas encomendeiras da nobreza dos cabaleiros, colleron agora
folgos e volveron ó seu primitivo esplendor. Algunhas figuras ilustres,
como o arcebispo Fonseca en Compostela ou o bispo Guevara en Mondoñedo, achegaron a Galicia a forza nutricia do espírito do Humanismo.

Algúns membros da máis alta nobreza galega converteron os seus
solares de Monterrei ou Monforte en verdadeiras acrópoles atenienses,
con senllos estudios e colexios. Na cidade de Compostela ergueuse unha
universidade, provista dun magno Colexio adornado no seu patio por
fermosos versos do vate tudense Álvaro de Cadaval, no que, grazas a Fonseca, se afirma que «Gallaecia fulget». E a gran novidade tecnolóxica dos
tempos modernos, que era a imprenta, asentouse en Galicia da man de
impresores de Monterrei, de Ourense, de Santiago ou de Mondoñedo.
É neste ambiente institucional e cultural, cheo de mudanzas e de alento
humanista, en que aparece este libro, por máis dun motivo orixinal e
desconcertante, que é a *Descripción del Reino de Galicia*, do «licenciado
Molina», ou, con máis precisión, de Bartolomé Sagrario de Molina.

Unha obra dun humanista

A obra de Molina é, certamente, un texto singular e mesmo sorprendente
na Galicia de mediados do século XVI. Carece de precedentes inmediatos
no que se refire á súa estrutura de conxunto, sobre todo no seu carácter
de obra corográfica ou descritiva dun espazo xeográfico determinado.
E dalgunhas obras previas que puidesen servir de parcial inspiración a
Molina, como o *Recuento de casas nobles* de Vasco da Ponte, o autor non
parece que fixese uso. Pero tampouco inzou moito as obras de autores
posteriores. O libro máis próximo no tempo que puidese servir de comparanza coa *Descripción* de Molina, que é a *Viage a Asturias y Galicia* de
Ambrosio de Morales (1575), non só difire no enfoque que este autor lle
dá ó seu traballo, senón que apenas menciona a obra do seu predecesor.
A obra de Molina, con todo, supón un dos fitos intelectuais máis sobre-
saíntes da Galicia renacentista, xunto coa obra pioneira de Vasco da Ponte
ou as obras máis serodias do filósofo tudense Francisco Sánchez, ou dos
xuristas Caldas Pereira, que brillou en Portugal, e Francisco Salgado de
Somoza.

A razón desta avaliación está no feito de que este é un libro que contribuíu, aínda que fose por unha comparanza constante con Castela, á construción intelectual da idea de Galicia como reino. Lembrou cales eran as súas fronteiras, que tesouros acubillaban as súas igrexas, canta trasfega había nos seus portos e rías, de que boas provisións desfrutaban os seus moradores e como de antigas eran as súas casas e liñaxes nobres. Moitas das ideas admitidas posteriormente como definidoras de liñaxes, cidades ou lugares de Galicia manan directamente desta obra de Molina. En que consiste, pois, esta descrición do reino de Galicia?

Trátase dunha obra impresa en Mondoñedo en 1550 polo impresor Agustín de Paz, que recolle en cinco partes o que o autor considera máis substancial de Galicia, da súa historia, das súas riquezas naturais, das súas marabillas artísticas e das súas liñaxes e estirpes nobiliarias. O ton do libro é claramente laudatorio e vindicativo, o que deu lugar a que fose interpretado como unha resposta a un libro ou libelo anterior que, con certeza, ningún investigador puido acreditar ata o de agora. Con todo, o autor non gozou dunha memoria especialmente feliz, xa que mesmo se discutiu longamente a súa orixe e lugar de nación; a obra, malia ser consultada con frecuencia, tampouco foi obxecto das reimpresións que textos deste estilo tiveron na época, nin foi coñecida e consultada pola tradición culta galega, dende os propios coetáneos ata autores máis próximos a nós, como o mesmo Manuel Murguía.

Un autor pouco posterior a Molina e andaluz como el era, Ambrosio de Morales, fai citas moi de pasada e non sempre favorables da *Descripción* de Molina. Logo, a historia erudita da época ilustrada non lle prestou especial atención, cando non agrandou a confusión, como acontece coas referencias do P. Sobreira. Frei Martiño Sarmiento, afeccionado grandemente á historia natural e á corografía, á que chegou a dedicar todo un libro, non bebe especialmente da fonte de Molina. Aínda a finais do século XIX, por parte de dous académicos positivistas como eran o P. Fita e A. Fernández Guerra, se confunde o seu nome cando, ó seu paso por Tui, aluden «a la armónica lira del licenciado Francisco de Molina» e transcriben con algún erro as súas oitavas (*Recuerdos de un viaje a Santiago de Galicia*, 1880). Menos mal que cinco anos antes o tamén académico e historiador de orixe galaica Villamil y Castro xa dera con admirable precisión noticias biográficas de autor e obra (*Ensayo de un catálogo sistemático...*, 1875), fixando definitivamente o seu nome, orixe e peripecias.

Un asunto controvertido é a orixe e formación do autor. Está hoxe admitida a súa orixe malacitana, a súa condición de cóengo, así como a súa longa estadía en Galicia, tanto na curia episcopal mindoniense posguevariana –ben acreditada nas pescudas de Lence-Santar–, como no ámbito coruñés do Capitán Xeneral do Reino. Pero apenas sabemos nada das súas lecturas e préstamos intelectuais, do seu pensamento e da súa ideoloxía, salvo algunhas referencias erasmistas que parecen compensa-la súa excesiva atención ás reliquias sagradas. Con todo, algúns destes aspectos poden albiscarse no propio texto desta obra. O autor posúe unha mediana familiaridade coa cultura clásica, fai gala de ter criterio propio na interpretación dalgún suceso marabilloso ou nalgunha etimoloxía das palabras e, sobre todo, insiste no método experimental propio da época de darlle un gran valor a aquilo que foi visto ou lido directamente polo autor. Todo isto permite defini-la obra de Molina como unha contribución importante ó pensamento humanista na España do século xvi. Aínda que aquí tamén acontece con Molina o que observamos na tradición culta galega: que apenas é coñecida e citada esta obra, dándolles preferencia non só ós clásicos do humanismo, como Marineo Sículo ou Damián de Gois, senón tamén a eruditos como Morales.

Porén, a obra de Molina é claramente de factura e orientación humanista. De acordo con E. Cochrane (*Historians and Historiography in the Italian Renaissance*, 1981), as principais pautas da historiografía renacentista son catro: compoñer narracións históricas ó modo retórico, no que os feitos se conten con beleza e elegancia; concibi-la historia como unha visión cíclica do paso do tempo, en que a fortuna desempeña un papel principal; concederlles primacía ós feitos que poden ser verificables e dignos de creto; e, finalmente, ter unha visión secularizada da historia. Salvo a segunda, que non é do caso contemplar nesta obra, a *Descripción* de Molina respecta estas regras, sobre todo a primeira, dada a forma poética en que está escrita. Non é unha obra estritamente retórica, pero está ben axeitada ós gustos humanistas de privilexia-los valores formais.

Pero, alén desta avaliación simplemente descritiva desta obra, querería subliñar algúns aspectos máis xerais que a poñen en relación coas tendencias intelectuais do seu tempo e que, ó meu xuízo, sitúan a obra de Molina dentro das correntes máis xenuínas do humanismo europeo. A súa lectura permite advertir que está chea de suxestións, de *topoi* con frecuencia tratados polos escritores do século xvi e de querenzas claramente humanistas. Reparei especialmente en tres aspectos que me parecen os máis relevantes: a) o método seguido na adquisición dos coñecementos que se verten na obra; b) a súa condición de *descriptio* dun espazo politicamente definido como un Reino; e c) a dimensión das achegas deste libro, tanto no que se refire ás reliquias como ó seu compoñente de nobiliario ou obra de corografía.

O MÉTODO HUMANISTA

No limiar á edición desta obra feita en 1949 dentro da colectánea Bibliófilos Gallegos, asevera X. F. Filgueira Valverde que «a *Descripción* baséase nunha serie de notas recollidas, sen dúbida, en viaxes por Galicia e en conversas con señores, prelados e capitulares, máis do que no manexo de libros galegos, salvo algún que outro nobiliario». Parece razoable pensar, como suxire Filgueira, que o libro non puido ser escrito só dende Mondoñedo, senón dende un centro de poder como era a cidade da Coruña. A descrición de lugares, ríos e cidades é, en xeral, correcta, o que revela un coñecemento dabondo preciso do territorio. A xerarquía de cidades, portos e ríos cadra coa realidade que hoxe nos é mellor coñecida pola pescuda histórica, o que acrecenta o valor deste libro. Certamente, no método de traballo do licenciado Molina están presentes algunhas das características máis sobranceiras dos autores do humanismo, que partillaban a partes case iguais a fundanza no que leran e no que lograran ver cos seus propios ollos ou ouviran directamente dalgunha testemuña presencial.

A época renacentista foi época de viaxeiros, algúns deles tan ilustres como o propio Michel de Montaigne ou Fynes Moryson (A. Maczak, *Viajes y viajeros en la Europa moderna*, 1996). A afección ás viaxes estaba alimentada polo gusto das elites da época por subliña-los aspectos máis curiosos, e mesmo exóticos, de cada lugar ou cultura. Tratábase de satisface-la paixón por coñece-lo Outro. Isto desenvolveu grandemente a observación directa como fonte privilexiada de coñecemento. A realidade que podía ser descrita directamente era máis crible.

Por esta razón, un dos paradigmas epistemolóxicos da historiografía anterior á revolución científica do século XVII é precisamente o de conta-lo que foi visto. As expresións *vin* ou *ouvín* son moi frecuentes. Os humanistas italianos, incluído o propio Maquiavelo, asumiron como método de traballo a práctica da raíz clásica, empregada por Heródoto ou Tucídides, de narrar aqueles feitos dos que ou ben había testemuño directo ou ben foran observados polo autor. Isto explica, sen dúbida, a abundancia da literatura de viaxes ou corográfica, porque tanto nunha como na outra a posición do observador é fundamental. Trátase de describi-lo que foi visto directamente. Os documentos aínda non eran a materia prima fundamental do relato histórico.

O licenciado Molina participa, ó seu modo, desta tendencia da cultura do seu tempo, da que advirte o lector nas primeiras oitavas do libro, cando protesta do carácter verídico da súa narración: «no escribo yo cosas de lejos al viento, ni de las Indias… pues saben las gentes muy bien lo que cuento».

Insiste por iso, moitas veces, en soste-las súas afirmacións con expresións como *vemos* ou *vin escritas*, ou de que os homes vivos e idosos poden acreditar isto ou aquilo. Cando fala da abundancia de romeiros que veñen a Santiago indica que «ansí cada año vemos» que son moitos; dun predicador pontevedrés, que os seus sermóns «oyeron muchos que agora son vivos»; da eficacia milagreira de san Telmo, que «yo los vi [ós mareantes] encomendarse a él»; do grande Hospital Real de Compostela advirte da súa magnificencia «para los que no lo han visto», e así moitas outras referencias. O propio autor remacha esta posición cando, referíndose ás fontes de Lóuzara, di que «lo más cierto es ver que son cosas de naturaleza, que se han de notar, y no mucho de especular».

Unha segunda fonte de información privilexiada polos humanistas foi a de recorrer a autores clásicos ou, en calquera caso, a escritos nos que fundamenta-los seus relatos. Fronte á tendencia especulativa ou imaxinativa dos cronicóns medievais, os homes do Renacemento procuran asenta-los seus coñecementos sobre bases cada vez máis firmes. Resulta ben coñecida a crítica filolóxica de textos antigos que comezou Lorenzo Valla e que logo foi seguida en toda a cultura occidental, que acadou a súa cimeira coa historia erudita da Ilustración. Como tamén foi un lugar común na época o conceder rango de autoridade ós autores clásicos grecolatinos, por riba dos de tempos medievais.

Tamén neste punto a obra de Molina respecta cabalmente estes criterios. O coñecemento que mostra de autores clásicos céntrase en Xustino, Pompeio Trogo ou Pomponio Mela. Pero, en todo caso, hai unha remisión frecuente a eles mediante a frase «autores antiguos hacen memoria» ou isto e aquilo acredítano «cuantos autores de Galicia» escribiran. A posición intelectual de Molina non é, por tanto, a dun inxenuo que narra lendas e historias máis ou menos fantásticas. Pola contra, critica orixes míticas de liñaxes como a dos Mariños, como «un simple cuento», ou advirte das vieiras dos Pimenteis que «yo no lo hallo escrito donde esto toca».

Todo isto non implica que o texto de Molina sexa en tódolos seus extremos unha obra peneirada de erros históricos e liberada de explicacións pouco verosímiles. Certamente, nela están presentes referencias ás orixes gregas de cidades de Galicia, como Tui ou Ourense, que se converteron nun dos lugares comúns da historiografía galega ata o século XIX; Molina tamén paga o tributo –frecuente nos autores humanistas hispanos– de louva-la figura de Tubal, fillo de Noé, de quen descendería a poboación hispana. Nalgunhas pasaxes móstrase especialmente cauto, como cando, referíndose ó conde don Gutierre Osorio, fundador de Lourenzá, advirte que «hay dos opiniones que yo vi escritas», aínda que lle concede máis espazo á que relaciona este conde con don Paio, opinión que Morales, un cuarto de século máis tarde, consideraría «ser fábula». Non obstante, noutros moitos casos, a narración de Molina non discrepa da que ofrece Morales, autor oficialmente moito máis rigoroso. Así acontece coa descrición que se fai do santo tudense san Telmo, das bondades das fontes das Burgas ou do predicador pontevedrés Juan de Navarrete.

Unha última observación sobre o método historiográfico de Molina. Advirte con frecuencia que no seu ánimo non está narrar todo canto sabe e coñece, senón aquilo que é singular ou que «en ninguna parte se ha visto su igual». Isto significa que o autor da *Descripción* se aparta claramente da tradición cronística e que se sitúa nunha posición epistemolóxica que remite claramente á tradición clásica. O sentido da obra é combate-lo esquecemento, escribindo «lo que ellos [os nativos de Galicia] olvidan». Este foi, precisamente, o *incipit* da historia na tradición grega, o de evita-lo esquecemento mediante o recordo, rexistrando os acontecementos nun texto escrito.

POR QUE DESCRIBI-LO REINO DE GALICIA?

A primeira pista para interpretar acaidamente esta obra deriva do seu propio título. O feito de se tratar dunha descrición remite a unha práctica intelectual que se identifica plenamente co saber renacentista. En efecto, o xénero xeográfico descritivo é unha temática moi común na tradición intelectual do humanismo italiano, logo exportada a toda Europa e, moi en especial, á península Ibérica, onde esta corrente historiográfica atopou un manancial extraordinario coa descuberta das Indias. O home do Renacemento tiña un grande interese por coñecer como eran as terras e cidades alleas á súa cultura, pero tamén por saber que riquezas e valores tiñan as súas cidades ou reinos.

Esta tradición descritiva de espazos e riquezas, especialmente artísticas e arqueolóxicas, foi instaurada no humanismo italiano por figuras como Flavio Biondo (Blondus), autor dunha *Italia ilustrata* (1453), que serviu de punto de referencia para unha lexión de seguidores. Entre eles están autores italianos asentados en España, como Pedro Mártir de Anglería ou Lucio Marineo Sículo, que difundiron na coroa de Castela o humanismo historiográfico do Quattrocento italiano.

Lucio Marineo Sículo foi autor dunha obra fundamental. Trátase do libro *De Hispaniae laudibus*, impreso en Burgos en 1497, cuxo contido básico logo incorporou o propio autor á súa obra máis coñecida, *De rebus Hispaniae memorabilibus*, impresa en Alcalá de Henares en 1530. Nesta mesma tradición instálase tamén un autor portugués, moi coñecido naquela altura histórica, como foi Damian de Gois, autor dunha *Hispania* (Lovaina, 1541) concibida como resposta ás informacións desprezativas sobre a Península que contiña a versión que da *Geographia* de Tolomeo fixera daquela S. Münster.

Estes autores son, entre moitos outros, indicativos dunha tendencia moi frecuente entre os *modernos*, como foi a de definir espazos xeográficos concretos, dando conta da realidade física observada, das súas riquezas e das súas institucións, así como da súa historia e das figuras máis relevantes. A obra de Marineo Sículo é, neste sentido, dabondo exemplar. Comeza facendo unha descrición de España para logo se ocupar da historia dos reinos de Castela, Portugal e Aragón e rematar cun perfil, xeralmente adulatorio, das grandes familias hispanas.

Nesta tradición é na que cómpre situa-la obra de Molina, que tanto polo obxecto de estudo como polo método empregado remite directamente a esta corrente historiográfica na que se mestura o saber corográfico coa xenealoxía e a preocupación pola información proporcionada polos autores antigos coa observación directa. Aínda que non é citada en ningún momento, parece razoable pensar que a obra de Marineo Sículo debeu servir de inspiración da obra de Molina. E, en todo caso, o que supón esta *Descripción* é a incorporación de Galicia a esta tendencia humanista de atención ó espazo como produto construído, como realidade acoutada por unha práctica intelectual.

Pero, alén desta probable relación intelectual do autor cos humanistas coetáneos, cómpre subliña-lo propio feito de ser unha obra que non se ocupa dunha cidade ou dun bispado, senón dunha realidade política e administrativa que o autor denomina «Reino de Galicia». Unha das obsesións do pensamento renacentista foi, precisamente, a de acoutar con precisión os espazos políticos, os territorios sobre os que dominaba un mesmo príncipe ou monarca. Neste caso concreto, resulta especialmente significativa a precisión con que se sinalan as fronteiras de Galicia. Certamente, algunha destas fronteiras, como a que separa Galicia de León, estaba xa suxerida en textos ben anteriores, como o propio *Codex Calixtinus*; pero na obra de Molina reafírmase, sobre todo, a fronteira con Portugal. A percepción do espazo galego resulta totalmente nidia, no sentido en que se ofrece unha visión de conxunto del, preferindo os aspectos corográficos ós administrativos e políticos. Os cabos de Galicia son Tui e Ribadeo, non os bispados e señoríos territoriais, e do bispado de Astorga cóidase de sinalar que só parte del está en Galicia.

A explicación desta atención globalizada ó reino de Galicia está, sen dúbida, na propia orixe da súa redacción. De acordo con Filgueira Valverde, podería dicirse que este é un «libro de cámara, feito pensando nos Capitáns Xenerais e talvez comezado como unha serie de notas para o seu goberno». Efectivamente, o libro aparece dedicado ó marqués de Cortes e mariscal de Navarra, daquela destinado a Galicia como Capitán Xeneral, de modo que cumpre unha función instrumental, que o propio Molina non oculta cando fala do importante que é para quen goberna «saber los aposentos, entradas y salidas de las casas que mora y rige». Esta observación presenta unha pregunta difícil de responder, pero que resulta inescusable, isto é, cales son as razóns polas que o representante do poder real tiña interese en saber todo o que se conta nesta *Descripción*: aspiraba a mellora-lo goberno do territorio con estas informacións ou, pola contra, do que se trataba era de afirma-la posición do reino de Galicia no seo da monarquía hispana?

Algunhas referencias indirectas permiten máis ben pensar na segunda afirmación do que na primeira. Por debaixo do ton laudatorio constante das cousas notables que hai en Galicia, que ata os seus propios fillos non coñecen ou corren o risco de esquecer, está unha obsesión de Molina, que é a comparanza que fai de Galicia con Castela. A cidade de Compostela, a nobreza, as reliquias, os milagres… todo é cotexado coa vara de medir de Castela. Cando de Compostela di que «parece estar fundada en lo bueno de Castilla» e que «aún la lengua gallega no permanece aquí mucho» non está a enaltece-la condición galega do reino, senón a súa asimilación castelá. A castelanización da toponimia, aínda sendo común na época, non admite ningún fallo, e a carón de solucións como *Laroco* ou *Rianjo* que chegaron ós nosos días, hai formas menos esperables, como *Los Pilares* como lugar de confluencia dos ríos Miño e Sil, ou *Frosera*, «donde prendieron a Pero Pardo». Contrasta ademais esta afirmación castelá de Galicia con noticias coetáneas como as do viaxeiro francés Claude de Bronseval, quen na súa *Peregrinatio Hispanica* de 1533 advirte que en Santiago «a lingua francesa é moi frecuente, o mesmo que a galega».

En substancia, as razóns para describi-lo reino de Galicia son varias. Unhas teñen que ver co descoñecemento que fóra do reino hai dos tesouros e valores de Galicia. E ninguén mellor do que un estraño a Galicia para levar a cabo este traballo. Un signo máis da tendencia renacentista de confiar a estranxeiros a redacción das grandes historias de reinos e cidades, como poñen de relevo figuras como Polidoro Virgilio, Mártir de Anglería ou o propio Marineo Sículo. E outras razóns, entre elas a propia orientación laudatoria, teñen que ver coa necesidade dos gobernantes do reino de Galicia, en tanto que representantes do poder real, de afirmaren a integración do reino no conxunto da monarquía. De feito, gran parte da literatura historiográfica dos séculos XVI e XVII, a que X. R. Barreiro ten definido como «historia apoloxética», tiña como principal obxectivo «non amosar unha Galicia autóctona ou allea a España, senón unha Galicia raíz e matriz da españolidade e, por conseguinte, dotada duns títulos de antigüidade sobre o resto dos Reinos ou países que a cualifican como o primeiro dos reinos» da monarquía hispana (*La Historia de la Historiografía gallega [ss. XVI-XIX]* en IV XORNADAS DE HISTORIA DE GALICIA, Ourense, 1988). A *Descripción* de Molina encaixa plenamente nesta corrente.

Non me estenderei moito na análise dos contidos que presenta esta *Descripción* da Galicia de mediados do século XVI, porque a lectura do texto non precisa un guieiro especial. Con todo, penso que será de interese reparar unha miga en dous aspectos, de por si complementarios. Dunha banda, na diversidade dos seus contidos, o que reforza notablemente a súa calidade de obra instrumental, laudatoria e acrítica. E, doutra banda, parece razoable interrogarse non tanto sobre a veracidade da narración –da que xa algo aludimos supra–, senón sobre a súa utilidade para coñecérmo-la Galicia de hai catro séculos e medio. Dito doutro modo, que Galicia fica pintada nesta relación corográfica do cóengo Molina?

Os contidos do libro, que o autor agrupa en cinco partes diferenciadas, pódese dicir que responden na realidade a tres grandes temas moi queridos na época do Renacemento: o estudo de reliquias e restos arqueolóxicos, a descrición corográfica e o nobiliario. O ingrediente fundamental da *Descripción* é, como xa advertimos de modo reiterado, a súa condición de repertorio de feitos curiosos e notables, tanto naturais como culturais, que permiten enxalzar Galicia. Trátase, por tanto, da parte corográfica do libro, que na realidade agrupa o que Molina concentra na segunda, terceira e cuarta parte da *Descripción*. Aquí conflúen aspectos exóticos e curiosos con descricións veraces de lugares e momentos, o que revela a posición aínda tatexante dos *modernos*. En efecto, a carón do Hospital Real de Compostela, da Torre de Hércules da Coruña, das murallas de Lugo ou da ponte romana de Ourense, Molina trae a colación o suceso do «Peto Burdelo» ou as virtudes milagreiras dun crucifixo en Ourense.

Con todo, é preciso poñer de relevo que predominan os contidos claramente veraces sobre os lendarios ou pouco verosímiles. A escolla que se fai de monumentos sinalados combina obras de construción recente con obras antigas, entre as que menciona as Médulas ou Montefurado. Os principais monumentos do patrimonio cultural galego de entón son mencionados. Cómpre chama-la atención sobre as preferencias e sobre algúns silencios. No que respecta ás primeiras, resulta sorprendente para un lector actual que de Compostela se fale máis do sepulcro que do propio templo, talvez considerado como un lugar doméstico, de habitación case cotiá por veciños e romeiros e, por tanto, excluído do carácter singular ou curioso; ou, talvez, por ser considerado xa dabondo coñecido fóra de Galicia non é aludido como podía preverse.

Os silencios afectan, sobre todo, a castelos e mosteiros. Os primeiros, aínda que reedificados parcialmente despois da furia irmandiña, como se recoñece de pasada, son mencionados só de forma global; o mesmo acontece cos mosteiros, que se agrupan por congregacións, pero apenas se mencionan expresamente algúns, como San Pedro de Rocas ou Ribas de Sil, por razóns non artísticas; non é de estrañar este comportamento nun autor pertencente ó clero secular e vencellado ó poder político. Sorprende, con todo, a escaseza de referencias a Mondoñedo, de cuxa cidade e comarca non se cita ningún monumento especial, salvo a fortaleza da «Frosera». Outro tipo de silencios é talvez máis explicable. Aínda que o *Codex Calixtinus* afirmara que Galicia estaba chea de «tesouros sarracenos», Molina non rexistra ningunha referencia a castros e mámoas que poucos lustros despois comezarían a ser espoliados polo fidalgo Vázquez de Orxas. O canon clásico que segue Molina permítelle deterse, no seu repertorio de monumentos, nos de época romana: Torre de Hércules, murallas de Lugo, ponte do Bibei, Montefurado ou as Médulas bercianas.

Pola contra, resulta especialmente interesante a descrición que Molina fai de ríos, cidades, portos e rías de Galicia. Aquí é onde se pon máis claramente de manifesto o valor instrumental desta *Descripción* de Molina, con definicións ben precisas como se-la Coruña «la llave del reino», considera-lo mercado de Santiago como «el puerto de todos los puertos», sinala-la especialización de Betanzos como centro de distribución de sal, avaliar debidamente a cidade e porto de Pontevedra como o primeiro da Galicia da época e, en fin, chufar debidamente os «afamados viños» do Ribeiro, considerados como «uno de los buenos del mundo». Chufa na que non lle faltaba razón ó Molina, como acreditara o conde de Gondomar, que os empregou como ariete diplomático na corte de San Xaime a principios do século XVII. Segundo lle conta Gondomar a Andrés de Prada, con eles conquistaba a El-Rei Xacobe I e ó seu ilustre chanceler, Francis Bacon, remesándolles de cando en vez uns pipotiños de viño do Ribeiro…

Que a *Descripción* comece coa exposición das máis importantes reliquias que garda Galicia non é estraño. Malia a tendencia secularizante que impuxeron as correntes humanistas, a reforma luterana obrigou a

Igrexa Católica, por contraste, a poñer en primeiro plano o valor e a función das reliquias. Neste sentido, constata-lo número e, sobre todo, a antigüidade das reliquias era a vara con que se medía a importancia dunha cidade ou dun reino. A este respecto, o reino de Galicia contaba cunha vantaxe notoria, como era a de garda-los restos dun apóstolo. E o licenciado Molina o que fai é recolle-la mellor tradición xacobea, con base nos textos medievais do *Codex Calixtinus* e da *Historia Compostelana*. De feito, tódalas referencias á invención do sepulcro de Santiago e á súa mesma translación parecen copiadas dos textos xelmirianos.

E, finalmente, a obra de Molina contén unha sorte de nobiliario dunhas setenta estirpes galegas. Segue, neste punto, a pauta establecida polo Marineo Sículo, pero con máis prudencia. A procura de antecedentes heroicos para estas familias non chega, como fixera o Sículo, a emparentalas con «linaxudos ascendientes romanos» (B. Sánchez Alonso, *Historia de la historiografía española*, 1941). En xeral, a xenética da nobreza galega ten unha orixe histórica e, ó propio tempo, épica. Os primeiros pasos de moitas estirpes teñen orixe nunha acción individual dun esforzado devanceiro, o que humaniza notablemente a súa traxectoria vital. Algunhas destas accións foron feitas en campos de batalla, frecuentemente contra os mouros, no reino de Murcia ou na batalla do Salado. Pero alén desta orixe heroica particular, a maioría das estirpes galegas debe a súa propia posición ó apoio de diferentes monarcas, sexan casteláns ou franceses. Aínda que insiste o autor na preeminencia nobiliaria das casas galegas respecto das de Castela, a constante obsesión de Molina parece se-la de vencellar estreitamente a sorte histórica da nobreza galega coa monarquía hispana. Unha manifestación máis desta dobre tensión que percorre toda a *Descripción* do Molina: laudes dun reino, matriz simbólica da monarquía hispana, grazas á antigüidade da súa nobreza e das reliquias que conserva.

A avaliación dun texto escrito hai catro séculos e medio sempre está exposta a riscos interpretativos. Talvez a intención do autor foi diferente da que hoxe percibimos: talvez a súa recepción, pouco calorosa, obedecía a razóns que hogano non somos quen de apreixar. Con todo, unha cousa é segura. Este libro do licenciado Molina é un guieiro útil para quen queira penetrar con gusto na Galicia renacentista, nesa Galicia que, malia ficar á defensiva, estaba ben aberta ó mundo dos *modernos* que, para dicilo ó modo do profesor J. A. Maravall, eran tales por retornaren ás fontes dos *antigos* (*Antiguos y modernos*, 1966). A elegancia con que está escrita, a precisión con que se refire a lugares e monumentos, a diversidade de asuntos dos que trata e, sobre todo, a súa excepcional brevidade fan desta *Descripción del Reino de Galicia* unha das pequenas xoias bibliográficas con que conta a historia cultural de Galicia.

Unha nova edición desta obra non precisa, pois, de xustificación, senón de gabanza a quen tivo a iniciativa de promovela e a xenerosidade de amparala. O autor acolleuse no seu día ó alto padroado do máis eximio representante do poder político do reino, co éxito desigual que puidemos observar; a edición actual sae á luz tamén grazas a un mecenado, propio dos tempos que corren, pero desprovisto da intencionalidade que tiña quen amparou a edición príncipe. Albisco que o seu éxito será agora máis certo. A roda da fortuna, despois de tantas décadas, sorriulle de novo ó licenciado Molina e, grazas a ela, tamén a tódolos lectores deste final de milenio.

Ramón Villares

Nota biográfica sobre o autor

Escasa é a información documentada que posuímos do licenciado Molina anterior ó ano 1547. De nación malagueña e de non moi abastada estatura, Bartolomé Sagrario Molina debeu chegar a Galicia antes do ano 1542, seica da man dun fiscal da Real Audiencia de Galicia. Asentado inicialmente na Coruña, onde exerceu como relator na Real Audiencia (e probablemente redactou a obra que nos ocupa), sábese tamén da súa estadía en Santiago e, talvez, en Ourense. O bispo mindoniense Diego de Soto (1546-1549) reclamouno para a súa igrexa e outorgoulle unha coenxía, da que tomou posesión o 31 de xaneiro de 1547. A partir desta data resulta máis doado acadar novas sobre Molina a través da documentación catedralicia mindoniense. Esa información biográfica está recollida principalmente en Lence-Santar (1943), Filgueira Valverde (1949) e Cal Pardo (2003).

No cabido de Mondoñedo, o graduado en Dereito Molina desempeñou o oficio de maxistral e a dignidade de xuíz do Foro durante os sucesivos episcopados de Diego de Soto, frei Francisco de Santa María Benavides (1550-1558), frei Pedro Maldonado (1559-1566), Gonzalo de Solórzano (1567-1570), frei Antonio Luján (1570-1572) e, se cadra, Juan de Liermo (1574-1582).

Como maxistral, en marzo de 1549 dispúxose que debía impartir lección tódolos domingos despois de vésperas, e os mércores e venres á unha. Á dignidade de xuíz do Foro accedeu a primeiros de 1550, estando vacante a sé e en calidade de encomenda mentres outra cousa non dispuxera o novo titular do bispado.

Ademais das funcións propias do cóengo maxistral e xuíz do Foro, no seo do cabido mindoniense Molina cumpriu encargos que ilustran a confianza e alta estima que se lle dispensaba. Xa en 1547 figura como apoderado do bispo e cabido para reclamar e cobrar mandas a prol da catedral que deixaran os bispos Jerónimo Suárez Maldonado e Antonio de

Guevara, e en 1548 comisiónano para pasar a Castela co fin de cobra-las cantidades que debía Pedro Pacheco, bispo de Xaén e que previamente o fora de Mondoñedo. Tamén en 1547 o comisionou o cabido, canda outros tres capitulares, para informalo das constitucións que dimanarían do sínodo convocado por Diego de Soto.

Na documentación catedralicia o licenciado Molina aparece exercendo mandados do máis variado, dende a simple elección de mozos de coro ou o nomeamento de xuíces en xurisdicións dependentes do cabido, ata tomarlle xuramento, en sé vacante, a un alcalde maior da cidade e bispado. De máis entidade parece a súa elección polo cabido, cabe outros tres prebendados, para contratar co valisoletano Luis Estrada a confección das reixas do coro da catedral mindoniense.

No bispado de Antonio de Luján, Molina e o licenciado Maldonado remiten a Ambrosio de Morales, que non puido visitar Mondoñedo por mor da peste, a relación dos códices que se conservaban naquela igrexa.

Grazas á documentación mindoniense, neste caso a municipal, sabemos que Molina participaba así mesmo en distintos asuntos da república, como actuar de testemuña en exames gremiais ou, conxuntamente co seu irmán Cristóbal Sagrario Molina, tamén veciño de Mondoñedo, acudir como fiador doutras persoas. Cristóbal, ademais, representaba en Mondoñedo algún importante comerciante, tal como John Dutton, inglés asentado en Viveiro.

En 1548 o cabido encárgalle corrixi-los misais e breviarios que o impresor Agustín de Paz, chamado a Mondoñedo tamén polo bispo Diego de Soto, estaba labrando no seu obradoiro. A este respecto, en febreiro de 1552 encoméndaselle entregar a Paz as cantidades que achegaran os clérigos da diocese para a confección de tales breviarios, e en outubro dese mesmo ano para agasalla-los oficiais do prelo con dous ducados para unha colación. A relación de Molina e Paz se cadra non foi sempre cordial: en agosto de 1553, estando ámbolos dous en Santiago, Molina foi requirido por Paz, perante escribán, para que lle devolvese o libro *Mendocino de las Armas de los Linajes de Castilla*, que Paz aseguraba que lle confiara a Molina para que o puxese «en copla», como estaba o libro das liñaxes de Galicia (é dicir, este presente traballo) e que Agustín de Paz pretendía imprimir. Conforme o pactado, Molina debía entregalo no mes de xuño de 1551; mais seica o licenciado esqueceu o pedido ou, segundo el mesmo declarou, xamais se obrigou a isto con Paz.

En 1578 Sebastián de la Vega desempeñaba a prebenda e dignidade que anos antes foran de Molina. Na documentación catedralicia
conservada, a última mención ó licenciado é do ano 1572 e nas actas
capitulares de 1577 xa non consta o seu nome. Lamentablemente están
desaparecidas as actas que van do 21 de novembro de 1572 ó ano 1577,
quinquenio no que é preciso situa-lo pasamento de Bartolomé Sagrario
Molina.

Xe Freyre

Sobre a presente edición

A intención da presente edición é proporcionar unha versión do texto fiel ó contido do orixinal á vez que comprensible para un lector moderno. Ofrecémo-la nosa interpretación do texto non como un estudo científico do libro, senón como un intento de divulga-la obra de Molina sen pretensións filolóxicas nin diplomáticas.

Con estes fins, ademais do proceso de regularización ortográfica detallado máis adiante, incluímos un aparato de notas a rodapé que permiten comprender mellor o texto, dando contexto sobre algúns dos temas dos que trata Molina e identificando os lugares e persoas dos que fala cando é posible. Estas notas permiten salvar, ata certo punto, as distancias entre a Galicia do século XVI e a de hoxe.

A edición de partida é a príncipe de 1550, na súa reimpresión de 1551 e consultada en dixital en Galiciana. Tamén se comparou coa copia dixital dun manuscrito que se encontra na Biblioteca Nacional de España, datado no século XVII e que non parece que fose copiado da primeira edición por algunhas diferenzas con esta, polo que foi de utilidade para resolver algunhas lecturas dubidosas. Para un estudo detallado das edicións e exemplares da *Descripción* anteriores a 1949, consúltese o estudo introdutorio de Filgueira Valverde á edición facsimilar dese mesmo ano.

Regularización ortográfica

No tocante á sintaxe e ó léxico non se cambiou nada. A meirande parte das modificacións respecto do orixinal pertencen ó nivel ortográfico, aínda que tamén se incidiu na morfoloxía verbal. Cando foi posible, mantivémo-las formas orixinais, aínda que estean hoxe en desuso, se están recollidas no DRAE. Os cambios máis relevantes son os que se detallan a continuación.

- Abreviaturas. No texto orixinal atopamos non poucas abreviaturas, que desenvolvemos sempre. Para facilita-la lectura, non se indican no texto editado.
- Acentuación. Na obra orixinal non hai acentos de ningún tipo, que se engaden ó texto editado seguindo os criterios actuais do castelán ou do galego, segundo corresponda.
- Puntuación. O uso dos signos de puntuación no orixinal é altamente inconsistente. Durante boa parte do texto úsanse só os dous puntos <:> case con calquera valor. O texto foi modernizado por completo neste aspecto mediante a adición de puntos, comas e outros signos de puntuación para aproximalo máis á ortografía actual. Tamén se seguiron os criterios actuais para o uso das maiúsculas.
- Regularización de grafemas. É común atopar vacilacións no uso de distintos grafemas. Regularizáronse de acordo ós criterios ortográficos actuais.
- Regularización de <i, y>. No orixinal úsanse indistintamente <i> e <y> para representar tanto a vogal coma a semivogal. Adóptanse os usos modernos, empregando só <i> para a vogal.
- Regularización de <b, v, u>. Limitouse <u> para os valores vocálicos, e adoptáronse os usos modernos de <b> e <v>.
- Regularización de <q, c>. Limitouse <q> ó dígrafo <qu> antes de <e, i>.
- Regularización de <h> inicial. Engadiuse cando faltaba e eliminouse cando sobraba, seguindo a ortografía actual.
- Regularización de <c, z, ç, sc>. Prescindiuse de <ç> e regularizouse o uso de <c, z, sc> seguindo a ortografía actual.
- Regularización de <j, g, x>. Actualizouse a grafía das fricativas, empregando <j> ou <g> cando fose adecuado.
- Consoantes xeminadas. As consoantes duplicadas simplificáronse de acordo á ortografía actual. É o caso de <ss> e de <rr> despois de consoante.
- Unión e separación de palabras. Separáronse as contraccións non contempladas na norma actual do castelán (*del* > *de él*, *deste* > *de este*, por exemplo), restituíndo as vogais elididas cando fose necesario. Uníronse as palabras baixo os mesmos criterios, sobre todo os clíticos.

- Regularización de vogais dobres. Simplificáronse e restituíronse os ditongos homorgánicos seguindo os criterios actuais.
- Regularización das grafías cultas e das arcaizantes. Nalgunhas ocasións, o texto orixinal presenta unha grafía arcaizante, con grupos consonánticos que non están presentes na lingua actual e, noutras, unha forma patrimonial para palabras que na lingua actual teñen unha grafía culta ou semiculta. Adecuáronse á ortografía moderna en ámbolos casos.
- Regularización do vocalismo. É común atopar vacilacións entre vogais medias e altas (aparecen tanto *hobo* coma *hubo*, por exemplo). Tomouse a forma que estivese recollida no DRAE. No caso de que se recollesen dúas ou máis variantes, tomouse a máis común. No caso de que non se recollese ningunha, modernizáronse.
- Morfoloxía verbal. Optouse por modernizar algunhas formas verbais, especialmente dos futuros (*pondrán* por *pornán*, por exemplo), para face-lo texto accesible ó lector de hoxe. Porén, mantense a grafía orixinal cando é necesaria para conserva-la rima nas oitavas que abren cada un dos textos (p. ex.: «miralla», e non «mirarla», xa que debe rimar con «muralla»).

Sobre os nomes galegos

Este texto mostra como xa no século XVI estaba en marcha o proceso de castelanización da toponimia galega, especialmente a dos centros de poboación máis importantes. Isto causa certa tensión na nosa edición, que pretende por unha parte segui-la ortografía actual para a mellor comprensión do texto e, pola outra, dar a coñece-la perspectiva que se tiña de Galicia na época, incluídas as actitudes cara á súa lingua.

Boa parte dos topónimos están castelanizados, pero outros simplemente presentan unha forma antiga ou alternativa perfectamente galega. Optouse por mante-las formas que dá Molina. Empregáronse as formas galegas oficiais para os nomes cuxa pronuncia non cambiase e adaptáronse os demais ás convencións ortográficas actuais, intentando preserva-la pronuncia da época cando se puidese. Dentro do posible, intentouse achega-los nomes á ortografía galega e non á castelá.

Roque Barcia

Descripción del reino de Galicia

Descripción del Reino de Galicia[1], y de las cosas notables de él. Dirigido al muy ilustre señor Don Pedro de Navarra[2], Marqués de Cortes, Mariscal de Nava. Compuesto por el Licenciado Molina.

El cual tratado va en cinco partes.

La primera trata de los cuerpos santos que aquí se hallan.

La segunda, de las cosas notables que hay en este reino.

La tercera, de todos sus puertos y costa de la mar.

La cuarta, de todos los ríos y pueblos por do pasan.

La quinta, de los linajes y solares y armas y blasones de donde proceden muchas señaladas casas de España.

---

1   Entidade política fundada polo rei suevo Hermerico no ano 409 no territorio da antiga provincia romana da Gallaecia. Este reino «do Sol poñente» situábase no suroeste de Europa e noroeste da península Ibérica. Abrangueu o territorio de galaicos, ástures e cántabros e, polo sur, chegou a atinxir Mérida. A Galicia actual e boa parte do territorio español son herdeiros daquel Gallaeciae Regnum. Foi o primeiro reino europeo que adoptou oficialmente o catolicismo, erixíndose na Alta Idade Media como o principal reino cristián da Península (a Gallecia cristiá fronte á Spania musulmá). Emitiu moeda propia. Braga, Tui, Oviedo, León e Compostela foron as súas capitais. No século IX, en tempos do rei galego Afonso II, acharíase en Iria Flavia (Padrón) a tumba do apóstolo Santiago, alicerce ideolóxico sobre o que se construíu a chamada «Reconquista». No século XV, os Reis Católicos (coroa de Castela) someteron o Reino de Galicia polas armas e aplicáronlle o seu programa de «doma e castración». Nominalmente, o reino seguiu existindo ata o ano 1833 (división territorial de Javier de Burgos).

2   Pedro de Navarra de la Cueva (nado a principios do século XVI en Navarra e finado o 2 de marzo de 1556 en Toledo) foi, entre outros cargos, presidente do Consello da Orde de Santiago. Foi gobernador e capitán xeneral de Galicia entre 1548 e 1553. Citando a frei Atanasio López, Filgueira Valverde (1949: p. 52) informa de que o frade franciscano consultou na Biblioteca Provincial de Toledo un manuscrito da obra en que Molina lla ofrecía a Juan de Granada, quen desempeñara o mesmo cargo ca Pedro de Navarra entre 1531 e 1543. Esta dedicatoria situaría nese último período a confección da *Descripción*, e implicaría unha nova redacción de polo menos a segunda e a terceira oitavas da introdución e a cuarta oitava da quinta parte do texto impreso, que aluden directamente ó gobernador e capitán xeneral a quen figura dedicada a primeira edición impresa.

Sacando posteriores actualizacións do texto, algunhas explícitas, coma a que se refire a ter oído o autor misa en caldeo na catedral de Santiago en 1549 e, se cadra, a relativa a que a liñaxe dos Sarmiento teña orixe en Mondoñedo, todo apunta a que o groso da obra foi escrito con anterioridade á chegada de Molina a Mondoñedo en 1547, e explicaría dalgunha maneira a ausencia, tan notable, de información sobre esta cidade, a única das galegas de outrora ausente nestas páxinas.

Con privilegio.
Está tasado a dos maravedís el pliego.

Privilegio de su Majestad[3]

Por cuanto por parte de vos, el Licenciado Molina, nos ha sido hecha relación que vos habéis hecho un libro intitulado *Descripción del Reino de Galicia que trata de las cosas señaladas que hay en él,* y nos suplicasteis y pedisteis por merced que, teniendo consideración a lo que en ello habéis trabajado, os diésemos licencia y mandásemos que vos o las personas que vuestro poder hubieren para ello, y no otras algunas puedan imprimir y vender el dicho libro en estos nuestros reinos y señoríos de Castilla ni traerlo a vender de fuera de ellos o como la nuestra merced fuese, y porque, habiéndose visto por nuestro mandado el dicho libro, pareció que se podía imprimir, por la presente, os damos licencia y facultad. Y mandamos que vos, o la persona o personas que vuestro poder para ello hubieren, y no otras algunas, puedan imprimir y vender, ni impriman ni vendan el dicho libro en los nuestros reinos y señoríos de Castilla, por tiempo de diez años primeros siguientes que se cuenten desde el día de la fecha de esta mi cédula en adelante, so pena que cualquier persona o personas que, sin tener vuestro poder para ello lo imprimieren o hicieren imprimir y lo vendieren o hicieren vender, pierdan toda la impresión que hicieren o vendieren y los moldes y aparejos con que lo hicieren y más incurra cada uno en pena de cincuenta mil maravedís por cada vez que lo contrario hicieren, la cual dicha pena se reparte en esta manera: la tercia parte para la persona que lo acusare, y la otra tercera parte para el juez que lo sentenciare y la otra tercia parte para la nuestra cámara y fis-

---

3 Son os tempos da Contrarreforma, polo que, dende unha Real Pragmática dos Reis Católicos en 1502, os libros se editarían baixo control da monarquía. En 1554, Carlos I e o príncipe Filipe endurecerían as condicións para publicar e delegarían as competencias no presidente do Consello Real (limitando incluso o labor da Igrexa). Finalmente, en 1558 Filipe II iría máis alá e mesmo castigaría coa pena de morte a entrada de libros en romance que non fosen impresos en Castela.

co[4]. Y mandamos que cada pliego de molde del dicho tratado se venda al precio que por los de nuestro consejo fuere tasado, y mandamos a los del nuestro consejo presidentes y oidores de las nuestras Audiencias, alcaldes, alguaciles de la nuestra Casa y Corte y Chancillerías y a todos los corregidores asistentes, gobernadores y otros jueces y justicias cualesquiera de estos nuestros reinos y señoríos que guarden y cumplan y hagan guardar y cumplir esta nuestra cédula y lo en ella contenido, y contra ella no vayan, ni pasen, ni consientan ir ni pasar, agora ni en tiempo alguno, ni por alguna manera, so pena de la nuestra merced y de diez mil maravedís para nuestra cámara a cada uno que lo contrario hiciere.

Fecha en Valladolid, a seis días del mes de junio. De mil quinientos cincuenta años.

Maximiliano[5]   La Reina[6]

Por mandato de su Majestad, sus Altezas en su nombre.

                                                             Juan Vázquez[7]

4   Aínda que tódolos libros impresos da época ían acompañados dunha primitiva nota de dereitos de autor, esta é interesante pola maneira en que se repartiría a multa imposta ós infractores: entre o denunciante, o xuíz e a facenda pública.

5   Na ausencia do príncipe Filipe, viaxeiro por Europa entre 1548 e 1551, o emperador Carlos I encomendou a rexencia dos seus reinos hispánicos ó seu sobriño Maximiliano (será coñecido como Maximiliano II de Habsburgo, futuro emperador do Sacro Imperio Romano Xermánico) e á súa esposa, María de Austria e Portugal, filla de Carlos I, irmá de Filipe e curmá de Maximiliano.

6   Xoana I de Castela, «a Tola» (1479-1555), era a nai de Carlos I e reinou co seu fillo, aínda que só nominalmente.

7   Juan Vázquez de Molina, secretario do Consello de Estado dende 1547, era curmán de Francisco de los Cobos, o poderoso secretario de Carlos I.

El Rey[8]

Por cuanto por parte de vos, el Licenciado Molina, me ha sido hecha relación que por una mi cédula os di licencia para que, por tiempo de diez años, pudieseis imprimir un libro que habéis hecho intitulado *Descripción de las cosas señaladas que hay en el nuestro Reino de Galicia,* en cumplimiento de lo cual presentasteis en el nuestro Consejo el dicho libro, suplicándonos mandásemos declarar el precio a que habéis de vender el dicho libro, o como la mi merced fuese, y por la presente doy licencia para que vos, o la persona que vuestro poder tuviere, por el tiempo contenido en la dicha mi cédula pueda vender a dos maravedís cada pliego de los que hubiere en el dicho libro, que por los del nuestro Consejo fue tasado.

Fecha en Valladolid a xxv días del mes de noviembre de mil quinientos cincuenta años.

Por mandato de su Majestad,

Francisco de Ledesma[9]

---

8   Carlos I de España e V do Sacro Imperio Romano Xermánico (1500-1558).

9   Francisco de Ledesma naceu a finais do século xv e morreu no ano 1560. Foi secretario interino do Consello de Guerra e asesor da Casa Real en tempos de Carlos I.

Prólogo

Siento yo muy Ilustre Señor que juzgara Vuestra Señoría haber habido buena vacante de negocios propios y bien acordados, pues me puse a escribir los ajenos y olvidados, mas como los primeros sean tanto enojosos, cuanto los segundos agradables, siempre para ellos sobra tiempo, aunque para los otros parece que falta, mayormente que en los unos y en los otros no puede haber tanta ocupación que no se hurte una hora para escribir, de las muchas que se gastan en hablar. Y pues esta habla por estas montañas pierde su sazón y la pluma la tiene mayor, porque en tales lugares consiste su felicidad. No hallé al presente para efectuarle la cosa más aparejada que hacer una breve suma de lo que este reino contiene, y apuntar algunas cosas tan notables de él que oídas en otras partes estimen en mucho lo que aquí por la contina comunicación tenemos en poco. Puesto que pondrá a muchos tanta duda en creerlas como gusto en oírlas, y a mí escrúpulo en contarlas por ser muchas de ellas de admiración, de las que les digo que algunas puedo hacer a Vuestra Señoría testigo y ansí, con tan buena aprobación, osé salir a campo con esta mi simpleza sacando por divisa mi poco saber para escudo de los que me quisieren tirar, aunque tengo otro mayor, que es el amparo de Vuestra Señoría, pues sé que siente con su delicado juicio lo que otros por falta de este no consideran. Y de esta tierra no hallé otra mejor fruta con que servir a Vuestra Señoría que la que cogí del árbol de mi bajo juicio, que no será ciprés ni palma, donde hallé tanta esterilidad que no pude coger más de esta pequeña escritura, la cual demuestra bien ser sacada de la aspereza de esta montaña y ansí pasará Vuestra Señoría por ella como por una simple petición de rústico, entre las muchas que cada día recibe. Y de la mía no querría mejor despacho que ser sus yerros disimulados por quien pueden ser corregidos, los cuales no pueden ser muchos, porque lo que escribió es tan poco que no puede haber cosa mala y, ya que la haya, el ser extranjero me disculpa, pues hablando de casa ajena no puede ser que no yerre.

Fin del prólogo.

MDLI

34

Introducción de la obra[10]

Hame movido escribir este hecho,
muy excelente y temido señor,
no porque en Galicia sois gobernador,
que esto no os hinche, ni muy aprovecho,
que al que de reyes procede derecho
no le es gran ropa la gobernación,
porque teniendo en sus reinos nación,
regir los ajenos[11] el caso es estrecho.

Aunque de esto vos mismo os dais guerra,
que andáis escogiendo lo bueno en Castilla
y, no contentándoos, os vais a Sevilla[12]
y luego, de allí, bojáis mar y tierra
hasta parar acá en Finisterra,
porque era tirar muy poco la barra[13]
quedarse eclipsado y sordo en Navarra
aquel que así suena doquier que se encierra.

---

10 A introdución está composta por oito oitavas. O esquema métrico básico consiste en versos de arte maior e cómputo desigual, rima consonante e distribución ABBAACCA.

11 Nun primeiro momento, don Pedro de Navarra non semellaba se-la persoa axeitada para desenvolver cargos na corte de Carlos I. O seu pai, don Pedro, Mariscal de Navarra, enfrontouse á posibilidade de que o seu reino se anexionase ó de Castela. Don Pedro de Navarra desvencellouse das políticas do seu pai para poder levar adiante a súa carreira política.

12 Don Pedro de Navarra, asesorado polo seu protector Tavera, aceptou o posto de asistente en Sevilla. A súa chegada a Galicia, como na propia estrofa se indica, tivo que ver coa súa ansia de recoñecemento social.

13 A expresión «tirar alguien la barra» significa «hacer todo el esfuerzo posible» (DRAE: s.v. *barra*).

Aunque aquel reino no poco se entona,
pues dentro en Castilla tenía un jirón,
y otro, bien grande, vistió de Aragón,
hasta la rica ciudad Barcelona,
do vuestros abuelos tuvieron corona,
y ansí poco a poco se ha ido estrechando,
querer saber esto y el cómo y el cuándo,
allá vuestra victoria mejor lo pregona.

Mas hame movido de ver que en España,
aunque haya mil cosas y de admiración,
a veces en un olvidado rincón
están otras tales de tanta hazaña,
por eso a las veces mi pluma se ensaña
de ver que se escriben mil cosas y faltas,
pero que en aquellas que en sí son más altas
se pasa por ellas por cosa no extraña.

No escribo yo cosas de lejos al viento,
ni de las Indias aún no descubiertas,
porque no digan ser todas inciertas,
sacadas acaso de algún viejo cuento.
Mas digo en Galicia las cosas que siento
que, de antes debiera hacerse mención,
ni soy de culpar ser de admiración,
pues saben las gentes muy bien lo que cuento.

Hablar de Galicia y a quien la sublima
allá en otras partes por burla se toma[14].
No hable del Papa quien nunca fue a Roma.
Del villanaje verdad es que hay grima,
pero los buenos y gente más prima
pueden doquiera hacer buena raya.
¿Qué hay en España que aquí no lo haya?
Y aun faltas hay fuera que aquí no se estiman.

---

14   Como sinala Miguel-Anxo Murado (2008: p. 70): «Lo que va a suceder entre los siglos XIV
y XV en Galicia es una de las caídas más rápidas y profundas que se puedan imaginar». Véxase
tamén Pensado (1985).

Pues hay en Galicia, sin que se mienta,
mantenimientos en tanta abundancia
que muchos se llevan a Flandes y a Francia
sin que en el reino una falta se sienta.
Del cual, en ausencia, lo malo se cuenta,
por quien en presencia del bien no vio nada
y ansí es su vivienda tan mal creditada
que a lejos espanta y a cerca contenta.
Por eso Galicia, la harta y la plena,

aquellos que hablan de ti por detrás
te deben tocar como santo Tomás[15]
para juzgarte de mala o de buena.
No es esto lisonja, ni a tal cosa buena,
por mucho que diga tus cosas y ladre,
ni soy sospechoso, que no eres mi madre,
ni pido el perdón que pidió Juan de Mena[16].

---

15   Tomé «o descrido», un dos doce apóstolos, dubidou da resurrección de Xesús ata que o seu mestre lle ofreceu toca-las chagas do martirio coas súas propias mans, recriminándolle que precisase ver para crer.

16   Juan de Mena (1411-1456) foi un narrador e poeta, ademais de cronista real, de orixe cordobesa. Dicía en *Laberinto de Fortuna*: «Córdova madre, tu fijo perdona / si en los cantares que agora pregona / non divulgare tu sabiduría».

[Primera parte]: De los cuerpos santos

Y ansí comencemos haciendo cimiento[17]
de nuestro caudillo, patrón Santiago,
y pues de tal piedra principio yo hago,
no es mala la obra de tal fundamento.

Sola una cosa, digamos que siento,
que en todos los templos que hoy hay en el mundo
es este el primero, no digo el segundo,
en ser visitado de gentes sin cuento[18].

Si quisiésemos glosar más *ad plenum* la venida y lo que más toca a nuestro glorioso Apóstol habría tanto que decir que de esto solo podríamos hacer toda nuestra escritura. Y pues es ya tan sabida: solamente digo que el Apóstol estuvo encubierto en Galicia ochocientos años sin que de él se supiese, lo cual parece claro porque su martirio fue el mismo año de la muerte de nuestro Redentor, como vemos escrito en la historia escolástica en los hechos apostólicos, y fue descubierto en tiempo del rey don Alonso el Segundo, que llamaban el Casto[19], que reinó en España en el

---

17   Nas diferentes descricións que irá desenvolvendo o licenciado Molina ó longo do texto, a estrutura será sempre a mesma: oitava introdutoria na que se fai unha loa ou panexírico do que se vai falar posteriormente nunha pequena narración descritiva das «cousas notables» que o autor quere destacar.

18   Calcúlase que a mediados do século xvi aínda chegaban a Santiago entre 25 000 e 30 000 peregrinos anuais, malia que comezaba un certo declive.

19   Afonso II «o Casto» (762-842), rei de Galicia (791-842). Educado no mosteiro de Samos. Durante o seu reinado descubriuse o sartego do apóstolo Santiago. Cara ó ano 813, o rei Afonso e o bispo de Iria Flavia Teodomiro confirmaron que Paio o ermitán achara os restos de Santiago o Maior na fraga do Libredón, en Compostela (no lugar onde hoxe se sitúa a igrexa de San Fiz de Solovio), 769 anos despois da morte do apóstolo.

año de 840, el cual rey le hizo su iglesia, como agora vemos y diremos de ella adelante, hablando del puerto del Padrón. Es este reino en cargo al Apóstol que dio causa que mejor se poblase, puesto que hay gran antigüedad en su población, porque dejadas las opiniones de quién fueron los pobladores, la verdad es que al principio fue comenzado a poblar por unos que llamaron galacios, que fueron los que procedieron de las gentes de Tubal, cuarto hijo de Noé[20], que vino a poblar España dos mil y cien años antes del nacimiento y después, siendo destruida la ciudad de Troya por los griegos, vinieron a España muchas gentes de los troyanos, entre los cuales vino un capitán llamado Teucro, el cual, rodeando la costa de España, aportó a Galicia, donde fundó muchos pueblos de los buenos de ella, según lo escribe san Isidoro en el noveno de las Etimologías. En el capítulo segundo de los cuales pueblos y puertos diremos adelante cuando a ellos toquemos.

20   En realidade, segundo a Biblia, Tubal era o quinto fillo de Iafet, que á súa vez era o terceiro fillo de Noé. Isidoro de Sevilla recolleu unha tradición de Flavio Xosefo segundo a que Tubal foi antecesor dos íberos e doutras tribos españolas. Tamén se atribúe a Tubal a fundación de varias cidades españolas e da portuguesa de Setúbal.

Primera parte: De los romeros

Visítale Albania, normandos, gascones,
Mallorca, Menorca, Cerdeña y Sicilia,
efesios, corintios, Dalmacia y Panfilia,
vascos, chiprianos, también esclavones[21],
de Ponto y Tesalia, y acá los sajones,
Polonia, Noruega, Irlanda y Escocia,
de Egipto, de Siria, también Capadocia,
de Jerusalén, con otras naciones.

En todas las casas santas que hay en el mundo, es notorio ser esta la más visitada, pues de todo el universo no queda nación que aquí no venga, y con tanta devoción que la pone a quien le falta y en muchos reinos es tan estimada la romería de este apóstol que se alcanzan con él grandes libertades, en especial, entre los esclavones, que el que tres veces hace esta romería queda en Esclavonia libre de los pechos[22] y de otras cosas a que los otros son obligados. Y ansí cada año vemos el primer día de mayo andar en esta iglesia en la procesión muchos de estos esclavones con su oferta de grandes cirios y, tomando por testimonio esta venida, se tornan y vuelven otro año el mismo día de mayo, hasta el tercer año, en el cual, puestas sus coronas, andan aquel día su procesión y con aquellas mismas coronas, habidos sus recaudos y testimonios de cómo han venido tres veces, se tornan a Esclavonia, donde de hoy en adelante viven en grandes libertades.

---

21 Naturais de Esclavonia, rexión do leste de Croacia.

22 *Pecho* (en galego *peito* ou *peita*), do latín *pactum*: tributo que se pagaba ó rei ou a outra autoridade.

Visítale Francia, Italia, Alemaña,
Hungría, Bohemia, gran parte de Grecia,
los negros etíopes, Hibernia, Suecia,
Caldea[23], Fenicia, ni Arabia se extraña,
y más Inglaterra, con Flandes, Bretaña,
del gran Preste Juan[24], de Armenia y de Frisia,
teniendo tal cuenta con esta Galicia,
los cuales afrentan a nos, los de España[25].

Cosa maravillosa es ver el concurso de romeros que continuamente en esta casa hay, que de tres iglesias apostólicas que hay en el mundo, que es la una de San Pedro en Roma, y la otra de San Juan en Éfeso, y la otra de Santiago en Galicia. Hay en sola esta más que en las otras dos, mayormente en año de jubileo, que es de siete a siete años, puesto que después que se levantó el malvado Lutero[26] con su dañada opinión cesó algo la venida de los alemanes y franceses, que era gran parte de los romeros. Ni por eso dejan algunos su continua romería, ansí bohemios como ingleses y de otras partes donde no haya reinado aquella maldita cisma. Vienen también aquí del Preste Juan y también de tierra de Caldea. A un obispo de allí oí misa el año pasado de 1549 en el altar del Apóstol, dicha en caldeo, que era cosa notable de oír. Difería en algo de las ceremonias que la agora Iglesia romana tiene, y conformaba en algo con la mozárabe. Finalmente, la diversidad de los romeros es tanta que había de poner a

---

23   Caldea correspondríase coa Mesopotamia media, e o idioma caldeo sería o arameo, que aínda se fala en zonas de Siria, Turquía e outros países próximos, aínda que se atopa en perigo de extinción.

24   Personaxe mítico do que se dicía que gobernaba unha nación cristiá do Extremo Oriente situada entre pagáns e musulmáns.

25   Nesta segunda oitava repítense algunhas nacións da primeira: Francia (xa se citaran normandos e gascóns, e nesta mesma citarase máis adiante Bretaña), Alemaña (citáranse os saxóns), Grecia (corintios, Tesalia), Hibernia (xa se citara co seu nome moderno: Irlanda). Queda representada practicamente toda Europa e boa parte de Oriente Próximo.

26   Lutero chegou a dicir con desprezo que os ósos que conforman as reliquias do Apóstolo podían ser mesmo dun can.

Primera parte: De los romeros

España en mayor codicia, no sé qué lo cause que los menos son españoles, debe de causarlo que nos contentamos con tenerle en nuestra tierra, o por ventura que se echen más de ver los extranjeros que los naturales, como quiera que sea no podemos negar que aquellos en cuanto a esto no nos hagan conocida ventaja.

PRIMERA PARTE: De las reliquias

Llama esta iglesia tesoro precioso
do están las reliquias de gran devoción.
Digamos algunas, mas toda nación
las sabe por cierto, y aun muy más copioso
que están con aquel patrón valeroso.
También la cabeza de aquel gran Alfeo,
que todos romeros el mismo deseo
les mueve venir a su bulto glorioso.

El tesoro de esta iglesia son las santas reliquias que en ella hay, que son muchas de gran veneración, las cuales se muestran ciertos días de la semana a todos los romeros por un hombre que para esto está diputado, que sabe de todas lenguas por la diversidad de los romeros, al cual llaman el lenguajero. Este les declara en particular las reliquias de aquel tesoro, entre las cuales está la cabeza del glorioso apóstol Santiago Alfeo[27], la cual todas las fiestas y días solemnes del año se saca y trae por la iglesia con solemnísima procesión. Y el más servicio de la iglesia es de los mejores de España y aun de toda la cristiandad, como iremos más largo hablando de esta ciudad e iglesia.

---

27 Había dous dos doce apóstolos que se chamaban Xacobe ou Santiago. Un deles era Santiago o Maior, fillo de Zebedeo, que sería o que segundo a tradición está enterrado en Compostela, e o outro era Santiago o Menor, fillo de Alfeo (que era tamén pai doutro apóstolo: Mateo).

Primera parte: De las reliquias

Está en un vasico la leche divina
por quien fue criado su mismo Creador.
Hay otra reliquia de grande valor
que son sus cabellos, que no es menos dina.
En este tesoro veréis una espina
de aquella dichosa y bendita corona,
la que coronó la segunda persona,
que a veces se muestra de sangre muy fina.

Dejaré aquí de hacer memoria de otras reliquias, pero no de las que tocan a nuestra señora la Virgen María, cuya bendita leche de sus gloriosos pechos está en un vasico, tan blanca y tan perfecta como si agora se hubiera sacado. También hay una vedija de sus preciosos cabellos, pues es de creer que los santos apóstoles que en su encomienda y compañía quedaron no dejarían perder tan estimadas reliquias. Está aquí también una de las espinas con que fue coronado nuestro redentor, la cual todos los años en los días del Viernes Santo se muestra de color de sangre fina, según muchos lo afirman. Sanamente se puede creer que en tan alta reliquia hay este milagro y otros mayores. Hay ansí mismo huesos de muchos apóstoles y de otros santos que son los de san Pablo, y de santo Tomás y san Bernabé, y de san Lucas Evangelista, y san Nicolás y san Gregorio, y de san Cosme y Damián. Hay de la sangre de san Sebastián y un pedazo de la vestidura de Nuestra Señora y otras preciosas y grandes reliquias que sería largo escribirlas.

Hay siete cabezas de aquel escuadrón
de vírgenes santas o flores de lirio,
que dentro en Colonia tomaron martirio
con su capitana que fue su guion.
También aquí vemos con veneración
estar de un glorioso entero su brazo,
pero dejemos el miembro o pedazo,
digamos los cuerpos enteros que son.

Están también en este divino tesoro siete cabezas de las benditas once mil vírgenes y, entre ellas, está la principal, de la gloriosa santa Úrsula[28]. También está el brazo de san Cristóbal[29], que en su grandeza y cantidad muestra bien ser suyo, y con él otras muchas reliquias de más de las que arriba dijimos. Y agora será más conveniente de tratar de todos los cuerpos gloriosos enteros que en este reino hay de quien se tendrá gran certidumbre y testimonio, demás de los notorios milagros que por cada uno de ellos se han visto, de los cuales diré solamente quién son y de los lugares donde están, tocando algo en sus vidas, pues lo demás se puede hallar escrito más largo en la leyenda de cada uno.

---

28 Segundo a lenda, santa Úrsula de Colonia foi martirizada polos hunos xunto a outras once mil doncelas. A idea de que as compañeiras de martirio da santa fosen once mil débese a un erro de interpretación dun documento, no que en realidade se dicía que eran once.

29 San Cristovo foi un cananeo que, segundo a lenda, decidiu servi-lo rei máis poderoso. Neste empeño atopouse co Neno Xesús, a quen tivo que levar ó ombreiro para poder cruzar un río sen el saber quen era. De aí a súa condición de santo dos viaxeiros e o seu nome (*Khristophóros*, «portador de Cristo», GNG, s.v.). Molina fai referencia á envergadura deste home que, parece ser, sobrepasaba os dous metros.

Primera parte: De los cuerpos santos

Allí en Compostela, además del glorioso,
están otros cuerpos de vida aprobados
de muchos milagros bien solemnizados
que son Cucufate, Silvestre y Fructuoso.
Y santa Susana, un cuerpo precioso,
está luego junto de aquella ciudad.[30]
A este recurren por serenidad
si el tiempo se alarga de ser muy lluvioso.

Ahora digamos de todos los cuerpos santos que se hallan en Galicia. Y cierto es cosa de estimar en mucho que en un reino no mayor que otro haya tanta abundancia de cuerpos bienaventurados y que tan conocidamente hagan continos milagros. Están en esta casa tres: el uno es san Fructuoso, al cual le hacen tal veneración que el día de su fiesta quita la misa del altar del Apóstol y se dice en el suyo, lo cual en día ninguno de todo el año se sufre por solemne que sea. Los otros dos son san Cucufate y san Silvestre, cuyos cuerpos sacan a muchas necesidades con solemnidad y gran devoción. Fuera de la ciudad está otra gloriosa virgen y mártir que es santa Susana, la cual no es aquella que por los falsos testigos fue acusada[31]. Hállase milagrosamente en el sufragio de esta santa, que las más de las veces que se saca con devoción su cuerpo cesan las aguas que por la mayor parte hacen gran daño en este reino.

---

30 No ano 1012, Diego Xelmírez, bispo de Compostela, que non recoñecía a autoridade do arcebispo de Braga, viaxou a esta diocese co obxecto de visita-las igrexas bracarenses sobre as que a sé compostelá posuía dereitos. Xelmírez e os seus acólitos percorreron os templos e apropiáronse das reliquias de san Covade, san Silvestre, santa Susana e san Froitoso no que se coñece como o «pío latrocinio». En 1966 devolvéronse a Braga as reliquias de san Froitoso e en 1994, as restantes.

31 É dicir, non é a Susana citada na Biblia e falsamente acusada de adulterio por dous anciáns (Daniel 13), senón Susana de Braga, virxe e mártir que viviu no século III.

Primera parte: De los cuerpos santos

Pues de Galicia los santos ponemos,
do hallo que es nuevo dar flores la hiedra.
Aquel cuerpo santo que está en Pontevedra
es bien que nosotros su silla le demos,
cuyos milagros nosotros los vemos
aunque su fin fue triste y muy agro,
mas este también contaréis por milagro
que un santo tuviese en sus fines extremos.

En este reino es notoria la vida de aquel bendito santo que está en la villa de Pontevedra, que fue agora no hace muchos días, en cuya veneración está fundada aquella gran cofradía de todos los mareantes de la costa, como diremos adelante. Hace ordinariamente muchos milagros y notorios, llámase fray Juan de Navarrete, de la orden de San Francisco. Natural de Navarrete, excelente predicador, cuyos sermones oyeron muchos que agora son vivos. Hizo muy áspera vida, aunque el fin quiso Dios dárselo como a un culpado pecador, y fue que, yendo de un lugar a otro a predicar, lo arrastró un macho en que iba, de suerte que un su compañero le recogió la cabeza hecha piezas, mas luego allí obró Dios un milagro, que aparecieron ciertas candelas encendidas y con ellas mismas lo llevó hasta Pontevedra, do agora está, en cuyo sepulcro vemos cada día visibles milagros[32].

---

32   Frei Juan de Navarrete naceu en 1488 e viviu no convento da orde de San Francisco de Pontevedra. Segundo informa frei Marcos de Lisboa (ápud Bará 2018), en 1528, de volta a Pontevedra tras predicar en Portonovo, a súa montura tropezou cunha pedra, o xinete caeu ó chan «quedando moribundo sobre la tierra» co cranio fracturado e morreu de alí a tres días.

Primera parte: De los cuerpos santos

Y ansí prosiguiendo, pues tomo motivo
de dar de estos santos entera memoria,
aunque se escriben mejor en la gloria,
acá para el mundo también los escribo
a Eufemia y Facundo con san Primitivo,
que están en Orense sus cuerpos divinos
cuyos martirios los hizo tan dinos
que cada cual de ellos aún hoy día es vivo.

En la ciudad de Orense, de la cual diremos abajo tratando de los ríos, hay tres cuerpos gloriosos que son: san Facundo y san Primitivo[33]. Aquellos dos compañeros, que lo fueron también en el martirio, el cual les hizo dar un adelantado llamado Ático que los emperadores enviaron a este Reino de Galicia para que todos sacrificasen los ídolos, como cada año se solía enviar. Donde hallando a estos dos nobles varones muy firmes en la fe de Jesucristo, les dio cruel martirio, como más largo se verá en su leyenda. Está también otra bendita santa que es santa Eufemia[34], a quien toda aquella tierra tiene gran devoción. Fue hallada en una pequeña ermita que está junto a la ciudad, y de allí la pasaron a la iglesia mayor, do agora todos tres cuerpos gloriosos están con otras muchas reliquias, entre las cuales está la cabeza de santa Constancia[35], una de las once mil vírgenes que pocos días ha que fue aquí traída.

33   Eran dous irmáns xemelgos que viviron no século IV no que hoxe é a provincia de León. De san Facundo procede o nome de Sahagún, en cuxa igrexa de San Xoán se conserva tamén parte das súas reliquias.

34   Nada en 119 ou 120 e finada en 138 ou antes, evanxelizou a área da serra do Xurés, polo que sufriu martirio e foi guindada por un precipicio.

35   Constanza de Roma (c. 318-354), filla do emperador romano Constantino I. Foi enviada a defende-lo Imperio contra os bárbaros, pero a Tracia, non a Colonia.

También san Rosende, un ilustre varón,
está en Celanova, pues claro se reza,
y junto a su lado está santa Teresa,
su propia mujer, de santa opinión.
También otro cuerpo de gran devoción
está en esta casa, que fue san Torcato,
discípulo cierto, notorio y muy grato,
que fue de los nueve de nuestro patrón.

El padre de este santo, que fue varón e ilustre, se llamaba don Gutierre, primo del rey don Ramiro de León. Este caballero, viniendo de Portugal por capitán contra moros, acabadas sus guerras, se vino a Galicia, donde hizo una pequeña celda que por oratorio tenía. Y después hizo una buena casa y monasterio de San Benito, que es agora de las principales de aquella orden, que llamamos agora Celanova. Por aquella celda nueva que primero hizo aquel caballero que era el conde don Gutierre tuvo un hijo de gran virtud y vida que llamaron Rosende. Este, viniendo en romería a este reino, tomó el hábito en esta casa que su padre hizo, y en ella tuvo tan aprobada vida que murió santo, según lo mostraron sus milagros en vida y en muerte, y como de tal reza la iglesia de él. Su mujer, que se decía doña Teresa[36], mujer ilustre siendo de la misma santidad y acabando ansí su vida en otra religión, se mandó traer a este monasterio con su marido, donde agora estos dos cuerpos santos están. Y con ellos otro, que es san Torcato, uno de los

---

36   Rosendo Gutiérrez (907-977), de estirpe rexia, fillo do conde Gutier Menéndez e de Ilduara Eriz, foi bispo dumiense-mindoniense (926-942? e 955-958), dignidade que acadou con dezaoito anos e na que sucedeu ó seu tío e formador espiritual Savarico Gatónez. Na mesma cadeira, a Rosendo vaino sucede-lo seu sobriño Arias Núñez. Protector de diversos mosteiros, fundou o de Celanova, do que tamén foi abade; administrou a sé iriense trala deposición de Sisnando (hai autores que o fan titular dela) e, no ámbito máis estritamente político, gobernou Galicia no tempo de Ramiro III e pelexou contra musulmáns e viquingos. Que casase cunha dona Teresa é especie da colleita de Molina, información que non reiteran autores posteriores, agás Rojas Villandrando (1611: 211), que reproduce sempre a Molina no que respecta a Galicia. O corpo santo enterrado en Celanova cabe san Rosendo, de buscarlle parentesco co santo, non sería o da súa inexistente esposa, senón o da súa nai, santa Ilduara.

discípulos del apóstol Santiago, de los cuales diremos adelante hablando de san Eufrasio, que fue también uno de ellos[37].

---

37 San Trocado e santo Eufrasio son dous dos coñecidos como sete varóns apostólicos, sete clérigos que predicaron o Evanxeo na Hispania do século I. Trala chegada dos musulmáns, as reliquias de ambos trasladáronse a Galicia. As de Trocado permaneceron en Santa Comba de Bande ata que se levaron a San Salvador de Celanova, mentres que Eufrasio está enterrado en Santa María do Mao, no municipio do Incio.

Primera parte: De los cuerpos santos

No piensen que dejo pasar entre dientes
en las Aguas Santas a santa Marina,
cuyos milagros la hacen tan dina
que es venerada de todas las gentes.
Es cosa sabida, si bien paro mientes,
que junto a la cala do está sepultada,
siendo su santa cabeza cortada
dando tres saltos, nacieron tres fuentes.

La vida de esta bienaventurada virgen está más largo en la historia de los santos, porque esta es aquella de quien aquel adelantado que fue enviado a este reino se enamoró, y queriendo hacer adorar los ídolos le dio cruel martirio[38]. Está su cuerpo en una iglesia que está a dos leguas de la ciudad de Orense, cerca de ciertos edificios y grandes poblaciones antiguas que están destruidas que llaman Antioquía[39]. Están allí junto a aquella iglesia hoy día unos hornos de barro de tierra que entran a ellos por unas escaleras hechas unas bóvedas en las cuales estando ardiendo fue metida esta bendita virgen[40]. Mas luego se salvó milagrosamente por un tan pequeño agujero que la mano no se puede meter por él, como agora allí parece. Luego fue tornada a tomar, siéndole cortada la cabeza. Donde cayó salieron tres fuentes en tres partes, las cuales están allí agora junto de la iglesia a la cual se tiene gran devoción, porque ha habido milagros conocidos y hay en ella gran romería.

---

38 Segundo a tradición naceu cara ó 119, filla do gobernador romano Lucio Castelio Severo. Tralo nacemento, a nai desfíxose dela e das súas oito irmás xemelgas, que foron criadas en familias cristiás. De grandes foron acusadas ante o seu pai que, ó recoñecelas, as cominou a renunciaren ó cristianismo. Elas negáronse e morreron todas como mártires. Mariña foi decapitada e guindada a un forno, pero o seu corpo non ardeu. Tras cortarlle a cabeza, esta rebotou tres veces no chan, onde abrollaron tres mananciais que lle deron ó lugar o nome de Augas Santas.

39 Os seus restos están na igrexa de Santa Mariña de Augas Santas, en Allariz. Antioquía era a cidade mítica asolagada pola lagoa de Antela, en Xinzo de Limia, de onde é patroa santa Mariña, pero que dista 22 km de Augas Santas.

40 A menos de 1 km da igrexa atópase a inacabada basílica da Ascensión, do século XIII, cuxa cripta contén o que podería ser un forno prerromano vinculado ó veciño castro de Armea e coñecido como «Forno da Santa».

Primera parte: De los cuerpos santos

Entre los pueblos que son principales,
en Tui, obispado y antigua ciudad,
veréis otro cuerpo de gran santidad
que tuvo por nombre fray Pero González,
cuyos milagros se muestran ser tales
que denotando qué tal fue su vida
allí en aquel puerto tomó su manida
por ir a tomarlo de los celestiales.

Este es un cuerpo glorioso de los que más milagros conocidamente hacen en esta tierra y muchos más en la mar. Hállase haber sido marinero, y todos los que siguen la mar y en cualquier parte que haya mareantes le tienen gran veneración y devoción, que en muchos navíos, aunque sean extranjeros, al tiempo de su oración y en la salve que a las noches continamente acostumbran a hacer, la hacen también a este santo. Y yo los vi encomendarse a él en nao no gallega sino ragoci[41], llamando este nombre de fray Pero González. Dicen que visiblemente ha librado navíos de grandes peligros, y aparecido en la mar y hecho otros muchos milagros, y ansí parece que se comprueba en la devoción que todos los marineros le tienen. Y muchos navíos, sin tener otra ocasión, vienen a surgir a este puerto por solo visitarle. Y se llama por más común nombre san Telmo[42].

41 Xentilicio de Ragusa, nome antigo de Dubrovnik. «Molina en su *Descripcion de Galicia*, hablando de nuestro Sto. refiere haber visto allí un Navio de Ragusa, ò Ragoci, cuyos marineros se encomendaban á Santelmo» (Flórez 1767: p. 160).

42 Pedro González Telmo (1190-1246), coñecido como san Telmo de Tui (malia ser só beatificado e non canonizado), é adorado como patrón dos mariñeiros, aínda que os mariñeiros de Ragusa dos que fala Molina sen dúbida se referían a santo Erasmo de Formia, tamén coñecido como santo Elmo ou san Telmo e ó que se atribúe tamén o padroado dos mariñeiros (os fogos de santelmo toman o nome del).

Primera parte: De los cuerpos santos

Entre los santos que aquí relatamos
está san Eufrasio, de vida aprobada,
en una montaña no muy apartada
de un monasterio que llaman de Samos.
Solo está el cuerpo de quien os hablamos,
mas la cabeza en aquel monasterio
de ser dividida no siento el misterio
mas de tener en reliquias sus ramos.

Este es uno de los nueve discípulos que el apóstol Santiago trajo consigo a este reino cuando vino la primera vez a él, y es de los siete que después le trajeron muerto, los cuales fueron doce, pero los nueve que le siguieron y él tuvo en España fueron estos: Osisio, Cecilio, Tesifón, Torcato, Indalecio, Segundo, Eufrasio, Teodoro, Atanasio[43]. Estos dos postreros dice el papa Calixto en una epístola que son los dos que están con el glorioso apóstol en Compostela, uno a un lado y otro a otro. Todos los otros quedaron en España predicando la fe de Jesucristo y acabaron sus vidas en este divino oficio y fueron en diversas partes sepultados, los cuales tenemos en este reino los dos, el uno es san Torcato, del cual dijimos arriba. El otro es este san Eufrasio, cuyo sepulcro y cuerpo está en una montaña que llaman Val de Mao, donde fue hallado a una legua del monasterio de Samos, que es de la Orden de San Benito, y la cabeza de este santo está en el mismo monasterio. La causa de la división de no estar el cuerpo do la cabeza, o la cabeza con el cuerpo, es cosa de poca curiosidad: saberse ha en aquella casa[44].

---

43 Osisio (Isicio ou Hesiquio), Cecilio, Tesifonte, Trocado, Indalecio, Segundo e Eufrasio son os sete varóns apostólicos, e con Atanasio e Teodoro son os nove discípulos de Santiago.

44 Os restos de santo Eufrasio foron levados a Andújar en 1596 por intercesión de Filipe II.

También notemos, pues no se me olvida,
la vida de santo Mamed que, mamando
leche de brutos, con esto ayunando,
hizo su santa y monástica vida,
que fue en una sierra bien alta y subida,
que está como aquella que está junto a Granada[45]
los más de los meses del año nevada,
por donde su vida en más fue tenida.

La tierra de San Mamed es una de las más bravas y altas que hay en este reino, todo lo demás del año se halla nieve en ella. Tomó esta tierra nombre del santo cuerpo que allí está y en ella hizo su áspera vida. Otro nombre se dice que tenía, mas como las gentes comarcanas de aquella tierra, como no le conocían comer de otro mantenimiento sino de leche de bravos animales, que muy mansos a él se venían, le llamaron san Mamed, pues que de ninguna cosa de las que en limosna le daban comía, porque todo lo repartía en los pobres que él sabía. Tenía su contina morada en una cueva que muchas veces se cubría de nieve y los animales que por gracia divina le venían a dar de su leche le abrían la entrada. Tiénese por cierto que está su cuerpo en una pequeña ermita que allí hay[46]. Aunque algunos que pretenden tener esta romería en sus iglesias de san Mamed, pues hay muchas en el reino, dicen no estar aquí, mas vemos en esta ermita visibles milagros en la sanidad de muchos enfermos, puesto que podría ser que la romería de estos enfermos fuese a la hora de la beata Vetula[47] o que llevasen la devoción

---

45 Aínda que a serra de San Mamede teña neve no inverno, a súa altura (1614 m) non pode compararse á de Serra Nevada (3479 m).

46 Naturalmente, nin o mártir Mamede de Capadocia (259-275) viviu nesa serra nin o seu nome ten nada que ver con *mamar*, senón que estaría relacionado co nome latino *Mammes, -etis* ou co semítico *Mohamed* (GNG, s.v.). Son case un cento as parroquias galegas baixo a advocación de san Mamede.

47 Referencia ó dito «Beata vetula, quae venis in tempora crisis» («Bendita vella, que vés en tempos de crise»), propio da profesión médica, segundo o cal na curación hai moito de suxestión

del palo de la barca[48], y ansí acude aquí gran gente. Nacen al pie de la sierra cuatro ríos en cruz, los cuales diremos adelante.

e ás veces o último remedio administrado é o que leva a fama sen ser realmente o causante da melloría.

48   Como se conta no Evanxeo de Mateo, cando os discípulos viron a Xesús camiñar pola auga asustáronse, e Pedro díxolle: «Señor, se es ti, mándame que vaia onda ti, camiñando pola auga». Xesús fixo que Pedro camiñase pola auga, pero ó senti-lo vento colleu medo, empezou a afundirse e berrou: «Señor, sálvame!». Xesús agarrouno e díxolle: «Home de pouca fe, por que dubidas?» (Mateo 14,25-31). De aí nace o refrán «La fe me salva, que no el palo de la barca», ó que se alude aquí.

Primera parte: De los cuerpos santos

Riberas del Sil, do está San Esteban,
un monasterio devoto y egregio,
se hizo de obispos un santo colegio
de cuya virtud los de agora se ceban.
Ni es mucho que de esto los monjes se muevan,
pues siete perlados de santa opinión
dieron fin santo en su religión
como su historia y sepulcros lo prueban.

En el monasterio de San Esteban de Ribas de Sil, del cual diremos hablando del río Sil, están siete cuerpos santos que fueron todos obispos de iglesias bien conocidas, que por la gran soledad y apartada vida de este lugar fueron a él a acabar las suyas santamente. Fue el primero el obispo de Iria Flavia, que era el Padrón. El segundo, el de Oviedo. El tercero, el de Lugo. El cuarto, el de Mondoñedo. El quinto, el de Orense. El sexto, el de Astorga. El séptimo, el de Tui. Los nombres de los cuales y en qué horas acabaron estaba asentado en los sepulcros de cada uno y había cuarenta y tantos años que un reformador de allí vino, no preciándose de la excelente memoria y autoridad de tales sepulcros, los deshizo todos siete que apartados estaban y, juntando todos los huesos de los unos y los otros en una arca, los puso detrás del altar mayor, donde agora están. Y en los dedos de estos benditos cuerpos halló muy ricos anillos, en los cuales agora se halla mucha virtud que procede ansí de las piedras como de sus dueños[49].

---

49   Os bispos que a tradición di dende o século X que se retiraran a este mosteiro eran nove e non sete: Vimarasio, Gonzalo, Osorio, Froalengo, Servando, Viliulfo, Paio, Afonso e Pedro, procedentes das dioceses de Coímbra, Ourense, Iria e Astorga. No ano 2020, durante a restauración dun retablo do mosteiro, atopáronse catro dos nove anéis, cunha etiqueta de pergamiño, probablemente redactada no século XVII, que di: «Estos quatro anillos son de los que quedaron de los nueve Santos Obispos. Son los que han quedado. Los demás desapareçieron. Por ellos se pasa agua para los enfermos y sanan mu[chos]».

No es justo que entre estos atrás se nos quede
otro bendito, no menos notorio,
que todos le nombran el conde Nosorio,
ilustre y tan santo que a muchos excede.
Su vida y milagros contar se vos puede,
pues vemos enfermos visibles que sana.
Está en una iglesia de Val Lorenzana,
de Astorga es la casa de donde procede.

Este ilustre y glorioso varón llaman en Galicia el conde Nosorio, está sepultado en su propia tierra que es el valle de Lorenzana. Este fue el infante don Osorio[50], que se halló en el principio de la recobración de España con el rey don Pelayo, que fue el primero que esta empresa tomó. En la genealogía de este santo caballero hay dos opiniones que yo vi escritas: la una es que fue hermano del rey don Rodrigo, en que viendo la pérdida de España se retiró a las montañas y sabiendo que el rey don Pelayo quería hacer guerra a los moros se fue en su compañía; la otra es que el infante don Pelayo, hijo de Favila, a quien el rey Vitiza mató, como viese a España en poder de moros, estando él retraído en Logroño con el duque de Cantabria, se fue luego en romería para Jerusalén y volviendo por Constantinopla halló allí a este infante don Osorio que era hijo bastardo del emperador Focas, que entonces era, y ansí juntos se vinieron a España para tierra de Asturias, donde, juntándose algunos pueblos que habían quedado y otros caballeros de los godos y algunas gentes que habían quedado derramadas por aquellas montañas de las batallas pasadas, lo alzaron por rey y comenzaron a seguir sus victorias contra moros, de lo cual las historias de España están llenas. Y hallándose en todas este valeroso varón, se quedó heredado en Castilla con la casa de Villalobos, que entonces era muy grande, y, habido un notable vencimiento contra Tarif, principal caudillo de la morisma, se

---

50 Molina confunde aquí a Osorio Gutérrez, nobre galego do século x e fundador do mosteiro de San Salvador de Lourenzá, onde ingresou como monxe nos últimos anos da súa vida, cun Don Osorio que loitou canda Paio de Asturias e do que descendería o Osorio galego segundo unha xenealoxía lendaria recollida por Luis de Salazar y Castro.

vino en romería para el apóstol repartiendo cuanto tenía a pobres. Y ansí, haciendo vida de santo, se retrajo a aquel valle de Lorenzana, donde murió santamente, y se han visto allí y ven notorios milagros. Está en un monasterio de la orden de San Benito.

Primera parte: De los cuerpos santos

Con un cuerpo santo acabo este bando
que está en Allariz, allá en Santa Clara,
donde su hecho y su ser se declara,
su vida y su muerte y el cómo y el cuándo
las sus religiosas lo van publicando.
También sus milagros, que claros notamos,
aunque en el mundo mil santos honramos
que están en el otro sus almas penando.

Este fue un bendito religioso de la orden de San Francisco, vicario de las monjas de aqueste monasterio, a las cuales habiendo servido muchos años con su buen ejemplo y doctrina, siendo elegido por guardián en una notable casa, no lo quiso aceptar, salvo por conventual, do hizo muy estrecha vida y ansí en ella como en su fin hubo grandes milagros. Y desde a pocos días que murió apareció entre sueños tres veces a la abadesa que a la sazón era en Santa Clara, diciéndole que lo llevase a aquella su casa. Y ansí fue hecho y sepultado en una capilla de la claustra, donde después acá ha hecho conocidos milagros, que están aquí escritos y notados. Llamábase fray García de Brandeso[51]. Hácenle sus religiosas cada año su fiesta con solemnidad. En esta misma casa están sepultados dos infantes, de los cuales diremos adelante hablando de los ríos.

---

51   Algúns anos despois di del Ambrosio de Morales (1765: pp. 158-159): «Allí está con gran veneración y mucho atavío el Cuerpo de Fray Garcia de Blandes, y comunmente dicen de Brandeso. Fue Testamentario de los Infantes, y veneranle por Santo, y me mostraron un Quaderno que tienen de sus milagros».

[Segunda parte]: De los casos notables

Comienza la tercera parte[52] de los casos notables y de admiración de este Reino de Galicia.

Dichos los santos que son venerables
con otras reliquias que pude decir,
aunque más largo pudiera escribir
muchas, bien santas y muy estimables,
digamos agora los casos notables
muy maravillosos que están en el reino,
que ansí sobre peine los digo y los peino
poniendo, de todos, los más memorables.

En la memoria que he hecho de los cuerpos santos he procurado toda la brevedad que he podido, porque mi intento no es hacer aquí otro *Flos Sanctorum*[53], sino solamente decir sus lugares y quién fueron, porque lo demás se verá en sus historias. Y agora pasemos a la segunda parte de nuestra obra, que será hablar de las cosas excelentes y bien de notar que hay en este reino, que pondrán duda de ser creídas a los que no tienen tanta noticia de ellas, y ansí no pondré las que pude alcanzar a saber, y aun de aquellas no todas, sino solamente las que en ninguna parte se han visto su igual. Y con ello me excusaré de lo que no excusarán algunos de

---

52   Agás pola única mención nesta mesma páxina, Molina (ou o seu editor) chama erroneamente terceira parte á segunda. Introducirá logo unha segunda (e auténtica) terceira parte. Corrixíronse os encabezamentos nesta edición.

53   O *Flos sanctorum*, tamén coñecido como *Lenda áurea* ou *Lenda dourada*, é un compendio de haxiografías. O seu autor é o dominico Santiago de la Vorágine. Este libro tivo moita importancia na cultura católica, e influíu decisivamente na súa iconografía.

culparme, diciendo que pudiera haberme excedido a más, y digo que en alguna manera tendrán razón, pues hay en este reino cosas que por no haber hecho esta diligencia no son sabidas ni, por los que las saben, notadas, por la comunicación de ellas. Y comencemos de las siguientes.

Segunda parte: De los casos notables

Y hago principio del gran Hospital[54]
con tanta grandeza servicio y primor,
que basta que sepan quién fue el fundador
para que sientan ser obra real.
Y al que dijere haber visto otro tal
quisiera mostrárselo cosa por cosa,
mas para decirlo no basta la prosa
sino la lengua y aun muy liberal.

Bien creo yo que la grandeza de este Real Hospital está ya tan sabida
por el mundo que seré bien creído en todo lo que de él dijere, pues solo
basta decir que son pocos los días que en las tres enfermerías principales
que hay abajen de doscientos enfermos, mayormente los años del jubileo. Y cada enfermo en tantos refrigerios curado como si para él solo
estuviere el hospital fundado. Quisiera poderme alargar a poner aquí
la majestad de él para que los que no lo han visto lo tengan por una de
las grandes cosas del mundo, porque además de la suntuosidad y rea-
leza de su edificio, es cosa maravillosa sentir la grandeza de esta casa, la
multitud de los oficiales, la diligencia de ellos, el regalo de los enfermos,
la limpieza de la ropa, el cuidado de la comida, el orden del servicio, la
gran crianza de los expósitos, el celo de las ánimas, tanto cumplimiento
de capellanes, la cura de los médicos, la abundancia de la botica y, finalmente, tanto recaudo en todas las cosas que, con razón, podría tener
este tanta corona sobre todos los otros de la cristiandad como la tuvieron en ella sus fundadores, que fueron los Reyes Católicos.

---

54   Os Reis Católicos decidiron crear en Compostela un grande Hospital Real para atende-los
peregrinos. Dedicaron parte dos ingresos obtidos trala conquista do Reino de Granada en 1492
á súa construción, que se realizou entre os anos 1501 e 1511. O edificio utilizouse como hospital
ata o ano 1953. Está situado na praza do Obradoiro e hoxe en día é un dos Paradores Nacionais
de Turismo.

También notaremos, por admiración,
aquel buen sepulcro o rico palacio
donde, pasadas mil leguas de espacio,
vino el Apóstol a dar al Padrón,
donde acaba su navegación.
Poniendo su cuerpo allí en una peña
luego la piedra se abre y enseña
ser un sepulcro de gran devoción.

La fiesta que en toda la cristiandad se celebra de este glorioso Apóstol, a 25 de julio, no es el día de su martirio, sino del día que llegó a Galicia a este puerto del Padrón, que entonces se llamaba Iria Flavia, como diremos hablando de los puertos. En que llegando aquí a los 25 del mes comenzó luego a usar de sus milagros. Y el primero fue en sí propio, porque luego que sus siete compañeros o discípulos lo sacaron de Jerusalén, do fue martirizado por el rey Herodes, en poco espacio llegaron a este puerto en una pequeña barca sin velas ni remos ni otro gobernalle alguno, lo cual no es mucho de admirar, porque un cuerpo glorioso por su ligereza, que es uno de los atributos que se le dan, podría en un punto pasar aquellas mil leguas, puesto que aún no se podía llamar entonces cuerpo glorificado hasta su resurrección. Y también por otro atributo de su sutilidad obró aquí otro segundo milagro en una gran peña donde fue echado, que luego que sus discípulos le sacaron de su barca y le pusieron en aquella piedra, ella misma se abrió y se hizo un sepulcro perfecto según hoy día lo vemos en este puerto, y esta piedra no es la barca en que afirma el vulgo que vino el Apóstol, sino donde fue echado, la cual se abrió luego como hemos dicho[55].

---

55   A tradición recolle diversas variantes da translación dos restos do apóstolo Santiago dende Palestina a Compostela. *A Historia Compostelana* encargada no século XII polo bispo Diego Xelmírez ofrece un resumo da versión máis difundida da lenda de Santiago, martirizado por Herodes Agripa despois de predica-lo Evanxeo tanto en Hispania coma en Terra Santa e trasladado polos seus seguidores ata Padrón, para logo ser levado por terra a Compostela.

Segunda parte: De los casos notables

Al Pico Sacro tampoco olvidemos,
que pues los antiguos de él hacen memoria
no demos nos causa de ser transitoria
aquesta escritura que de ellos leemos.
Es de los montes más altos que vemos.
Los toros muy bravos de aquí se sacaron
para el Apóstol, mas luego quedaron
más mansos que cuantos corderos tenemos[56].

Otro tercero milagro obró el Apóstol por gracia divina en estos toros. Luego que sus discípulos llegaron con él al Padrón, como agora dijimos, se fueron para la reina Loba, según que es ya muy vulgar, y pidiéndole unos bueyes para llevar de allí al cuerpo glorioso, ella no con sana intención los envió a este Pico Sacro, do andaban estos toros de gran braveza, los cuales trocándola en doblada mansedumbre ellos mismos se pusieron debajo del yugo del carro. Esta sierra es la más alta de todo este reino y aun de otros. Tenían los gentiles antiguos gran veneración a este monte que llamaban Monte Sacro, del cual dice Justino hablando de Galicia que no les era lícito tocarle con hierro y que el oro era aquí tanto que en la faz de la tierra se sacaban las planchas gruesas, y la causa era porque en este monte caían siempre gran multitud de rayos que derretían los mineros que en él había. Otros quieren decir que este monte se llamaba Monte Agro y que en la latinidad se corrompe el vocablo y letra porque do ponen *Mons Sacer* ha de decir *Mons Acer* con una s. Y este nombre me parece a mí el más verdadero por la contina tempestad que aún agora en este monte hay de truenos y rayos, pues vemos notoriamente que por esta causa es inhabitable un castillo que en la punta de esta tierra está despoblado.

---

56   A lenda da tradición xacobea segundo a cal a raíña Lupa instrúe os discípulos do apóstolo Santiago para que vaian buscar uns bois ó pico Sacro recóllese no relato chamado «Translatio» do libro III do *Codex Calixtinus*.

Pues La Coruña tampoco la dejo,
gran puerto do nunca fortuna le corre,
y hablo de aqueste por sola una torre,
antiguo castillo que llaman el viejo[57].
Aquesta es do dicen que estaba el espejo,
mas es fabuloso, sabido lo que era,
estaba cercada de gran escalera
que quien la deshizo no tuvo consejo.

De esta ciudad y puerto de La Coruña diremos adelante, cuando tratemos de los puertos, y agora por cosa notable pongo aquella torre del Faro tan afamada, de la cual son pocos los autores que de España hablan que luego no toquen en ella. Y lo que algunos quieren decir que había aquí un gran espejo do se parecían las naos que en alta mar y más lejos navegaban, y que, por engaño, los ingleses lo hurtaron pretendiendo tomar esta ciudad. Es cosa de cuentos viejos, porque lo que en esta torre había era una luz o lumbre que se hacía y aun era justo que se hiciera agora para guiarlas al puerto las naos que de noche venían[58]. Llamábase la torre del Faro por aquel farón o señal que tenía, que ansí llamamos agora el que cualquier nao o galera capitana lleva, a quien siguen las otras, y la misma torre o nombre del faro tenemos en otras partes, como es el Faro de Mesina en Sicilia y otra en Alejandría que llaman el castillo del Faro, a cuya lumbre se acogió una noche Julio César nadando cuando lo tenían cercado los privados del rey Tolomeo. Esta torre es junto a la ciudad, a la orilla de la mar, de tan gran altura y antigüedad que es cosa maravillosa, y lo que más hay que admirar es que del principio de ella hasta lo alto iba rodeándola una ancha escalera de piedra que nacía de la

---

57   O nome Castelo Vello, co que era coñecido, indica que na Idade Media e ata a súa restauración no século XVIII, na que se lle devolve o uso marítimo, tivera unha función militar. Non se lle deu o nome de Torre de Hércules ata tempos moi recentes.

58   Refírese ó feito de perde-la función marítimo-lumínica na Idade Media para pasar a converterse en fortificación. Proba de que durante a visita de Molina o edificio non tiña uso como faro é que en 1553 o concello prohibiu usa-las súas pedras noutras construcións.

misma torre, por la cual subía llanamente un carro de bueyes hasta dar en lo alto del chapitel, que fuera cosa tan maravillosa de ver cuanto fue grande el error de quien la consintió deshacer[59]. Sobre el edificador de esta torre hay opiniones, pero al pie de ella está una peña con un letrero de la misma antigüedad que dice ansí[60].

---

59   O aspecto que ten hoxe a Torre de Hércules débese á reconstrución en estilo neoclásico que sufriu entre 1788 e 1790. Anteriormente tiña unha rampla arredor da súa estrutura que se apoiaba nun segundo muro externo, que Molina xa non puido ver porque se perdera en tempos de Xelmírez.

60   Na base da torre atopouse unha pedra votiva na que se le: «MARTI AVG. SACR. C. SEVIUS LUPUS ARCHITECTUS ÆMINIENSIS LUSITANUS. EX. VO», que nos di que o autor da torre foi o arquitecto natural de Coímbra Caio Sevio Lupo. O texto remata deste xeito abrupto.

Otro edificio no mucho notado,
casi imposible, dudoso y sutil,
se halla en un río que llaman el Sil
allí donde dicen el Montefurado,
que siendo un gran cerro no poco alongado
lo pasa este río por bajo sin arte
atravesándolo allá de otra parte[61]
hecho su arco de peña tajada[62].

Este monte que llamamos aquí el Montefurado tiene un caso y edificio tan de admirar que en gran parte del mundo no se hallaría otra cosa igual. Es una tierra bien alta, al pie de la cual pasa cercándola toda un caudaloso río, de quien adelante trataremos, que llaman el Sil. Pareciendo a los antiguos que aquel río daba gran vuelta por aquella sierra, rompen al pie de ella y hacen un portillo. Él se muestra claro ser hecho a manos por ser en peña viva, en que está obrado un arco tajado por la misma peña, por lo cual todo el Sil entra de lleno en lleno y ansí sale por la otra parte de la tierra atravesándola toda. Y la razón por donde se alcanza a saber el curso antiguo de este río es porque cuando va crecido y soberbio no cabe todo por aquella entrada, y lo que sobra y queda de él se torna a la madre vieja que de antes solía. Obra es mucho de notar, mayormente que todo el arco que va por debajo de la tierra va de peña tajada, como se muestra a la entrada y a la salida, por do pasan muchos barcos de un cabo a otro por la mucha pesca que hay en este río.

---

61   O túnel romano de Montefurado construíuse no século II para desvia-lo leito do río e poder extrae-lo ouro que este arrastraba. Media 120 m de longo, pero un derrubamento sucedido en 1934 deixouno nos 52 m actuais.

62   Esta ausencia de rima dos versos quinto e oitavo (*alongado-tajada*) non volve producirse en todo o libro. Quizais se debeu a que Molina modificou a oitava nalgún momento posterior á súa redacción e esqueceu comprobar que mantivese a rima. Salvo esta excepción, probablemente debida a un erro, e outras tres de execución pouco lograda (*río-pabilo* p. 107, *virgen-origen* p. 142, e *Lanzós-Seijos* p.156), tódolos versos do libro teñen rima consonante.

Segunda parte: De los casos notables

Tomada ocasión de aquello del Sil,
notad otra puente de gran maravilla,
que llega a tener de largo una milla
contada por pasos que pasan de mil
sobre sus arcos de piedra y sotil
que son Puentes de Ume aquesta que digo[63].
No siento a la prueba hallarle testigo
que diga haber visto tal cosa gentil.

Con mucha razón se debe hacer gran cuenta y poner en memoria esta tan insigne puente, cuya longura no creo yo que se halla en España. Tiene mil y doscientos pasos y, considerando que las que en otros reinos se alaban por muy largas no llegan a cuatrocientos, se sintiera la excelencia y grandeza de esta. Está en una ría a dos leguas de la mar sobre sus arcos de gentil edificio; es cosa de estimar. Está junto a una villa que toma nombre del mismo puente. Es pueblo de lindo asiento y tan abundoso de todo género de frutas y caza de mar y tierra como en gran parte se puede hallar. Diremos de él cuando hablaremos de los puertos.

---

63   A ponte medieval de Pontedeume inicialmente constaba de 78 arcos, estaba provista de dúas torres, un hospital de peregrinos e un cruceiro, e medía uns 850 m. Comezouse a construír entre 1374 e 1380 por orde de Fernán Pérez de Andrade, «o Bo», e foi derruída en 1863 para ser substituída por unha nova ponte a causa das moitas deterioracións que sufrira ó longo da súa historia.

Segunda parte: De los casos notables

Quiero culparme en faltarme desvelo
porque al principio no quise tratar,
y no del lugar que no hay que mirar,
sino del caso de santo recelo
que fue donde llaman el Peto Burdelo
hecho con tanta magnanimidad
que de ella le vino la gran libertad
a España de paga tan fea y sin celo.

Paréceme a mí que en todo lo que en esta mi obrecilla escribo no digo cosa de tanta estima como aquel famoso hecho que pasó entre la ciudad de La Coruña y la de Betanzos[64]. Y para esto es menester presuponer aquello de que el mundo está ya lleno de aquel abominable tributo que el rey Mauregato[65] puso sobre los cristianos de dar cien doncellas[66] cada año al rey Miramamolín[67], y continuándose este tributo y viniendo a llevar de este reino cierta parte de aquellas doncellas, se animaron unos mancebos de un solar y casa antigua que allí está, que llaman Figueroa, de donde procede la casa del conde de Feria. En que estos, no sufriendo tan gran crueldad de ver ansí llevar sus doncellas, salieron a los moros que las llevaban y se las quitaron, de suerte que de ahí en adelante jamás se las llevaron. Y de esto se llamó aquel lugar el Peto Burdelo, por aquel pecho feo y deshonesto que en él se quitó, digno por cierto de gran

---

64   Trátase do lugar de Bordel, na parroquia de Sarandós, Abegondo. Hai alí unha torre, coñecida como Torre de Peito Bordel, que data do século XVII.

65   Mauregato, rei de Galicia (c. 719-789) entre os anos 783 e 789.

66   O Tributo das Cen Doncelas é unha lenda difundida en varios puntos da península Ibérica segundo a cal o rei cristián Mauregato pagaba anualmente ó emirato de Córdoba un tributo de cincuenta doncelas nobres e outras cincuenta plebeas. Na versión galega, os irmáns Figueroa, na Torre de Peito Burdelo ou Bordel, nas proximidades de Betanzos, alzáronse contra os mouros que viñan recolle-las doncelas, armados de paus de figueira, e puxeron fin ó sometemento. En 1891 o coruñés Galo Salinas publicou a peza teatral *A torre de Peito Burdelo*.

67   O rei Miramamolín (Amir al-Mu'minin) foi un califa que viviu a principios do século XIII, polo que non puido ser coetáneo de Mauregato. Isto débese a que ata o século XIII non hai constancia escrita da lenda do tributo.

memoria, pues no solamente libertaron su patria, mas dieron causa que después el rey Ramiro[68] se movió a hacer lo mismo. En que resistiendo la paga de tan malvado tributo, saliendo victoriosos contra tan gran multitud de moros en aquella batalla de Clavijo[69], con ayuda de nuestro glorioso Apóstol, que la noche antes le había parecido, quedaron sus reinos libertados de tan abominables parias.

---

68   Foi rei de Galicia entre os anos 842 e 850, fillo do rei Vermudo I.

69   Batalla mítica que segundo a lenda se deu entre as tropas do rei Ramiro e as do emir Abderramán II no ano 844, e na que intercedería o Apóstolo para conduci-los cristiáns á vitoria.

Decir de una fuente no es cosa profana
que ha poco tiempo que fue descubierta
que el agua del palo no es ya tanto cierta
ni causa sudores tan ciertos de gana.
De todas dolencias se halla que sana,
sudan bebiéndola en gran maravilla,
medida se vende por toda Castilla,
esta es la fuente que es junto a Viana[70].

Fue tan subida esta fuente por toda Castilla y tan conocida su propiedad y virtud que no se tendrá por cosa nueva hablar de ella, aunque es cosa no vista su calidad, porque se halla en su agua muy mayor y más cierta operación que en la del palo de la India[71], pues bebiendo de esta no en cantidad, porque mucha no se sufre[72], vienen los mismos sudores y con tanta furia como si con otras grandes medicinas se procurasen. No ha diez años que fue descubierta a una legua de la villa de Viana; estaba atapada con unas grandes losas, y hay hombres vivos que se acuerdan que habrá setenta años que fue ansí cubierta, y que en aquel tiempo se venían a ella a curar muchos enfermos, y ansí vemos agora que sana de todas enfermedades. Y luego que se descubrió acudió tanta gente a ella que en cargas se llevaba por toda Castilla hasta la Andalucía. Y se vendía por las calles a azumbres, en que muchos pobres hombres ganaban de

---

70   Trátase do manancial de Bembibre, en Viana do Bolo, citado por primeira vez en 1536 polo bacharel Olea: «Ay una fuente en Viana, en un lugar el aldea de se dize Bembibre, y otra en Valdiorras, de agua muy fría, que se se lavan con la agua della se van acostar sudan mucho y sana de muchas enfermedades que en el curan los baños de Molgas». En 1896 creouse un balneario que funcionou ata 1958.

71   O pau da India Occidental era o guaiaco (*Guaiacum officinale*), que se usaba polas súas supostas propiedades medicinais para tratar enfermidades coma a sífilis, o reumatismo, a farinxite ou trastornos dixestivos.

72   Non se aturaba beber moita polo seu mal cheiro e sabor. Dela dicía Taboada y Leal (1877: p. 300): «Sus propiedades físicas son, como todas las de su clase, incoloras, claras y transparentes, con fuerte olor a huevos podridos, de sabor azufroso y de temperatura igual a la del agua común».

comer con ella. Hasta que fue tanta la contradicción que los médicos hicieron a esta cura o medicina que casi se ha dejado de usar de ella.

Por cosa no vista, notad una fuente
que a veces se aíra y a veces se aplaca,
crece y decrece, con saca y resaca,
como la mar de España y poniente,
y tan ordinario que nada no miente
la causa de aqueste su flujo y reflujo,
sabed lo de aquel que allí nos la trujo,
que es causa primera de toda la gente.

Esta fuente que llaman Lóuzara está al nacimiento del río de Lor en la sierra del Cebrero[73]. Hay una cosa extraña en ella y no vista en ninguna fuente de España: que tiene sus ondas continas como la mar. Y su creciente y menguante, sin faltar punto, ni podemos decir que lo cause esto la abundancia de aguas según los tiempos, porque el mismo efecto tiene ansí en verano como en invierno. Y que queramos decir que esta influencia se provenga de la mar, vemos que está más de veinte leguas de ella, puesto que no es tan largo el camino para que por las venas de la tierra se deje de causar esta operación, que también es de considerar que la misma que hay en las aguas descubiertas las haya en las que están debajo de la tierra, pero lo más cierto es ver que son cosas de naturaleza que se han de notar y no mucho de especular.

---

73 Lóuzara é unha parroquia do concello de Samos. O río Lóuzara é un afluente do río Lor que, á súa vez, é afluente do río Sil. Neste río hai unha fervenza chamada de Augadalte na que está a Fonte de Barro, á que se refire Molina. En realidade o Lor nace en Fonlor (Pedrafita) e o Lóuzara únese a el en Folgoso do Courel. Non existen datos sobre o fenómeno que describe Molina.

Segunda parte: De los casos notables

No pienso se halle por muy largos años
aguas tan fuertes, por más que se piense,
como las fuentes o burgas[74] de Orense.
Que tiene sus aguas, no como los baños
que aquellas calientan[75], sabroso sin daños,
y en estas el dedo no osamos poner,
ni hay olla ni cosa que puesta a cocer
alce en el fuego fervores tamaños.

Tratar de aguas cálidas como son de algunos baños que hay no es cosa tanto de admirar como estas fuentes que están en medio de esta ciudad, que es tanta su fuerza y hervor natural que hay en el mismo nacimiento de agua que sale dando fervores y saltando para arriba y con aquel sonido, como si artificialmente estuviese sobre un gran fuego. Y ansí no se puede el dedo sufrir un solo momento dentro del agua, la cual es tal que en ella se cuece pescado y otras cosas que sufren breve espacio. Y en estas fuentes hacen las mujeres sus coladas y todos los otros servicios que en sus casas con aguas fervientes suelen hacer. Tienen un olor sulfúreo, por lo cual se tiene por cierto que pasan por do hay gran cantidad de piedra azufre que le causa aquel fuego y furia[76].

---

74   Son os mananciais situados na cidade de Ourense, dos que sae auga silicatada, fluorada e litínica. Sempre están a unha temperatura de entre 64 e 68 °C. Tal e como os coñecemos agora datan do século XVII, por iso Molina fala de fontes.

75   Hai constancia de que no século XV existían varias casas de baños administradas polo concello, e dende o século XIII existe unha rúa do Baño a uns 400 m da actual localización dos mananciais.

76   A auga das Burgas non contén xofre. O olor sulfúreo que sinala Molina débese a que contén sodio, potasio, bicarbonato, sílice, cloruros e fluoruros, e vese acentuado pola temperatura á que abrolla.

Pues hablo de aquesta ciudad principal,
notad una puente con solo su arco
ni hay más medida que darle, ni marco,
sino que España no tiene otro tal.
Por él solo pasa aquel río caudal
que llaman el Miño, de quien los autores,
de él escribiendo le dan mil favores
diciendo que cría el preciado metal.

Es de tanta altura y de tan gentil edificio esta puente que está en esta ciudad de Orense, que se puede afirmar por cierto que un solo arco que tiene principal no hay en España su igual ansí en altura como en anchura[77], porque el Miño, que es un grande y de los caudalosos ríos que se pueden hallar, pasa todo junto por solo este arco sin perderse punta ni tocar en ninguno de los otros arcos. Y demás de esto, toda la puente es gentil y de hermoso edificio. Diremos de este río y de esta ciudad cuando tratemos adelante del uno y del otro hablando de los ríos.

---

77 Molina coñeceu a ponte Maior ourensá despois das reparacións realizadas en 1449 polo bispo Pedro de Silva. Nese momento, o seu arco central tiña unha luz duns 48 metros, o que debía facer del seguramente o maior da península Ibérica (Ford 1878: p. 685). Aínda sufriría posteriores derrubamentos e reconstrucións que lle darían o aspecto actual.

Segunda parte: De los casos notables

Pues que tratamos de aquesta ciudad,
debiera primero haber hecho mención
de aquel crucifijo de gran devoción
que juzgo en mirarlo ser temeridad.
Dudan de qué es y de qué calidad,
parece tan vivo como un cuerpo humano
y ansí Nicodemus lo hizo a su mano
por dar al de Burgos la misma igualdad.

Está en la iglesia mayor[78] de esta ciudad de Orense un crucifijo de tan gran devoción y admiración que la pone en mirarlo. Es uno de los que Nicodemus hizo, el uno es este y el otro es el de Burgos, y el otro es el de Osma. Pone tan gran temor la vista de este que no se puede sufrir ninguno un rato a mirarlo, ni se sabe de cierto de qué metal es. Tiene una bula concedida por el papa León, tan plenísima como cualquiera de la cruzada, y con otras más indulgencias publícase en toda Castilla y Andalucía; hanse visto milagros conocidos de este santo crucifijo. Es visitado de todos o de la mayor parte de los romeros que vienen al Apóstol[79].

---

78   Refírese á igrexa de Santa María Nai. Posiblemente a primeira catedral que houbo en Ourense, pois a súa antecesora data do século V. Destruída e reconstruída varias veces, a actual igrexa data do século XVIII.

79   Dende o século XIV tense constancia da existencia da imaxe do Santo Cristo de Ourense, a máis famosa e venerada da catedral. Segundo a lenda, esculpiuna Nicodemo, xudeu citado no Novo Testamento que presenciou a Paixón de Cristo e que supostamente realizou tamén as tallas de Fisterra e, como sinala Molina, de Burgos e Osma, moi similares.

Segunda parte: De los casos notables

Un monasterio no grande ni altivo,
cercado de aguas, que es mar en invierno,
es Buen Jesús, edificio moderno.
Fue hecho en milagro, por eso lo escribo.
También a contarlo tomé tal motivo
de ver que de aqueste se tiene noticia
allá en otras partes demás de Galicia
y a quién se mostró aún hoy día es vivo.

Con este monasterio del Buen Jesús, que es de la observancia de san Francisco, se tiene gran cuenta en toda Castilla y mucha devoción. Hará cuarenta años que a un mozo rústico se le apareció un niño que le dijo que se llamaba Jesús, y esto fue tres veces. Lo que más le dijo no tengo cierta noticia para afirmarlo, mas de que, alcanzando a saber este milagro y habida gran certidumbre de él, se hizo este devoto monasterio entre Orense y Monterrei, en Limia, que es el mayor pedazo de tierra llana que hay en este reino. Y en invierno una legua alrededor de este monasterio es toda una laguna de agua porque, como la tierra es tan llana, recoge en sí todas las aguas sin poder salir tan presto[80]. Y en algunas partes han plantado muchos árboles puestos por los caminos muy a compás para guiar los caminantes, porque de otra manera perecerían muchos. De estas aguas de Limia tomó nombre una gentil puente que llaman Ponte de Limia, en Portugal, porque se recogen todas allí y pasan por debajo de aquella puente.

---

80   Trátase do mosteiro franciscano do Bon Xesús de Trandeiras, en Xinzo de Limia, fundado por Alonso de Piña, prior da próxima Santa María a Real de Xunqueira de Ambía, en 1523, apenas vinte e seis anos antes de que Molina redactase esta descrición. Hai distintas versións sobre a aparición que daría lugar á creación dunha capela que despois sería substituída polo mosteiro. A auga que o cerca, «que es mar en invierno», é a lagoa de Antela, duns 7 km de longo por 8 de ancho, e desecada en 1958 pola ditadura franquista.

Segunda parte: De los casos notables

La iglesia que piso no es caso muy rico,
mas digo, en el mundo se hallan muy pocas
del arte que es hecha San Pedro de Rocas.
Y ansí de mi firma lo afirmo y publico,
que en sola una peña, labradas a pico,
están la capilla con dos laterales
hechas en hueco, que haber otras tales
podemos a España cercar en oblico.

La obra de este monasterio de San Pedro de Rocas[81], que está a una legua de la ciudad de Orense, es una de las más dificultosas obras que se pueden imaginar y cosa bien de admirar, porque la capilla mayor, con otras dos colaterales, y un pedazo del cuerpo de la iglesia, es todo esto de una sola peña, labradas a pico. En que en lo hueco de aquella peña están hechas aquellas tres capillas que llegan hasta el medio de la iglesia, que será cada capilla de espacio de veinte pies de largo y ancho. No se halla memoria de esta obra, mas de sentir en la extrañeza de ella, que cosa que con tanto trabajo se hizo que debería ser para algún gran fin. Tienen estas capillas tanta perfección como si de ladrillo o de yesería fuese obrada con sus molduras, ni creo que haya hombre en España que diga haber visto en ella cosa de la misma calidad, a lo menos en tanta cantidad.

---

81   Mosteiro situado en Esgos. É anterior ó ano 573, o que o converte no máis antigo de Galicia. Sabémolo por unha inscrición datada nese ano que aparece nunha lápida da igrexa do mosteiro. Labrada sobre a pedra e nunhas covas alí escavadas que amosan como era a estrutura orixinal, San Pedro de Rocas é a manifestación dun dos complexos rupestres máis importantes da Península. O edificio actual data do século XVII.

No paso en olvido la gran antigualla
que en antigüedades será capital,
las Torres de Oeste, con su inmemorial,
que aquí vienen muchos por solo miralla.
Tenía en el río también su muralla
que era una gruesa y antigua cadena
que fuera, por cierto, memoria muy buena
ansí como estaba perpetua dejalla.

Estas notables torres están cerca de la villa del Padrón y es una de las mayores antigüedades que hay en España[82]. Son cinco o seis torres juntas que están cerca de una ría par de la mar. Había allí una muy gruesa cadena que atravesaba toda aquella ría y guardaba el paso, de suerte que no se podía atravesar ni pasar a otra parte aunque grandes fuerzas y artificios se hiciesen, la cual agora está quitada. Ni alabo a quien lo consintió que tan gran memoria y antigüedad se quitase, que era cosa harto notable. Las torres demuestran bien su antigüedad y fuerza de edificio.

---

82   As Torres de Oeste (século XI) son un complexo defensivo que ordenou reconstruír Cresconio, bispo de Iria Flavia e Santiago de Compostela, para evita-los ataques viquingos e defender Santiago de Compostela destas incursións dende o Atlántico. O xeógrafo romano Pomponio Mela (c. 15-45) xa cita as Torres (daquela, «Torre de Augusto») na súa obra *De Chorographia*: «eos Tamaris et Sars flumina non longe orta decurrunt, Tamaris secundum Ebora portum, Sars iuxta turrem Augusti titulo memorabilem» [Os ríos Tambre e Sar discorren por aquí non lonxe do seu nacemento: o Tambre xunto ó porto de Ébora e o Sar xunto á torre de Augusto]. Segundo a *Historia Compostelana*, as cadeas mandounas colocar Cresconio durante o século XI para conte-los ataques normandos e almorábides.

Segunda parte: De los casos notables

Notad en los casos que os digo y os toco
la sierra y camino, gran obra de rey,
que es entre dos ríos, el Sil y Bibei,
que llaman los codos del monte Laroco[83].
A los que lo han visto, conjuro y convoco,
que digan si pudo ser obra de manos,
mas bien se parece venir de romanos
que aun Hércules mismo lo tuvo no en poco.

En esta tierra de Laroco está aquella tan extraña obra que parece imposible haberse podido hacer, siendo esta tierra como es de peña viva. Está dende lo alto de esta hasta el medio labrada y tajada a pico, en que se viene a hacer un camino ancho en la misma peña, y ansí va la tierra de trecho a trecho dando vueltas con este camino de esta misma obra que llaman los Codos de Laroco. Y en parte está el camino ocho y diez estados[84] labrado de lo alto hasta venir a hacerse el mismo camino, que a quererse hacer agora solos diez pasos no habría ingenio ni multitud de gentes que bastase. Fue esta obra hecha por una gran hueste de romanos, porque en tiempo que España era sujeta a Roma, sabiendo los españoles cómo Scipio Africano, a quien temían, era muerto en aquel destierro, se alzaron luego contra los romanos, los cuales, sabido esto, enviaron todas sus gentes y capitanes a tomar a su yugo a España, entre los cuales vino a Galicia un cónsul romano que llamaron Bruto, con gran gente, la cual, llegando a esta tierra de Laroco, la cortó a pico e hizo estos tan dificultosos pasos por los cuales toda la hueste pasó, y habiendo grandes batallas con los gallegos los tornaron al señorío de Roma. Está cercada esta tierra

---

83   A Via Nova romana (vía XVIII do Itinerario de Antonino, finalizada arredor do ano 80) entre Bracara Augusta (Braga) e Asturica Augusta (Astorga) ten que salvar un desnivel de máis de 200 m entre a actual Pobra de Trives e a ponte sobre o río Bibei, que os enxeñeiros romanos solucionaron cunha sucesión de ramplas en zigzag. Estas ramplas, visibles dende a ribeira oriental do río, recibiron o nome de Cóbados de Larouco pola localidade de Larouco, situada a uns 10 km ó leste. É posible que na época de Molina algún destes «cóbados» non se correspondese xa co trazado da vía romana, senón co do camiño real posterior, moito máis estreito e empinado.

84   Un estado é unha unidade de medida equivalente á estatura media dun home.

Segunda parte: De los casos notables

de dos grandes ríos que son el Sil y el Bibei, de los cuales diremos adelante. Será la longura de este camino más de cuatro millas[85].

---

85   Se se mide dende que a vía romana cruza o río Cabalar, máis ou menos onde empeza o descenso, ata a ponte do Bibei, hai, efectivamente, unhas catro millas romanas (uns 6 km).

Segunda parte: De los casos notables

La cerca de Lugo, que fue una ciudad
de las antiguas y grandes de España,
hacer otra cerca ni aún media tamaña
no hay reyes que tengan posibilidad.
Dos carros bien caben sin contrariedad,
de dura argamasa, las torres labradas,
con muchas ventanas que fueron cerradas
de sus vidrieras de gran claridad.

La cerca de esta ciudad[86] se tiene por una de las maravillosas y extrañas de toda España, porque, demás de la gran redondez y espacio de ella, dentro de la cual en lo despoblado de esta ciudad se siembra mucho pan, tiene tres grandezas. La una es la anchura que esta cerca tiene, que pueden dos carros[87] andar por cima de ella y rodear toda la ciudad sin tocar en las torres que vuelan fuera. La otra es la multitud de torres, pues a cada ocho pasos, poco más o menos, está una en la cual, de antes, cuando esta ciudad estaba en su prosperidad, había una casa y un morador digo en cada torre que tenían cargo de velar la ciudad, y en estas mismas torres parecen agora los edificios y enmaderamientos de aquellas casas. Cada torre de estas tiene agora muchas ventanas, las cuales solían estar con sus vidrieras[88] que ninguna faltaba y hoy día se hallan en la ciudad pedazos de estas vidrieras que son gruesas y blancas. La otra grandeza es la fuerte argamasa y material de que está hecha toda ella, es cosa notable y de gran cuenta. Diremos de esta ciudad cuando trataremos del río que por ella pasa.

---

86   É a cidade máis antiga de Galicia. Fundada por Paulo Fabio Máximo no ano 25 a. C., a súa é a única muralla romana que conserva o seu perímetro en todo o mundo.

87   A muralla de Lugo ten unha anchura de entre 4,20 e 7 m, mentres que o carro galego non adoita pasar do metro e medio de ancho.

88   Trala reforma xeral feita polo arquitecto Alejo Andrade Yáñez en 1837, a torre da Mosqueira é a única que cadra con esa descrición.

También hallaréis en aquella ciudad
los baños antiguos de quien hay memoria,
que Plinio los pone también en su historia
por eso los pongo, por su antigüedad.
Y su letrero dirá la verdad,
demás de mostrarlo su viejo edificio
ser estas aguas y aqueste artificio
obrado en el tiempo de gentilidad.

Están en la ciudad de Lugo los más antiguos baños y edificios de los que hay en España, de los cuales algunos autores hacen mención, y a la entrada de una esquina tiene escrito el tiempo en que se hizo, que sube de mil años[89]. Digo el edificio porque los mismos baños son de gran tiempo antes. Cosa es de maravillar que esté el río Miño junto, que no hay cuarenta pasos, y tenga en sus riberas estas aguas tan cálidas y ansí hace por Orense y otras partes; de lo cual no nos debemos maravillar de que, en tan poco trecho, haya tanta diferencia en el agua, pues se sabe de una fuente de Etiopía, de donde han venido romeros, que es de tal calidad que de día está tan fría que no se sufre en la boca y de noche tan ferviente que con la mano no se puede tocar[90]. Y también es notorio aquel lago de Hibernia donde si se hinca un madero lo que entra en él arena se convierte en hierro y lo que queda en él agua en piedra pasado

---

89   As termas de Lucus Augusti construíronse arredor do 15 a. C., de modo que en 1549 tiñan máis de 1500 anos de antigüidade.

90   Dende a antigüidade aparecen referencias a estes «mananciais marabillosos» en distintas compilacións de viaxes e cosmografías. Heródoto (s. v a. C.) describe en *Historias*, 4, 181 un manancial de temperatura cambiante, aínda que o sitúa en Libia, e non en Etiopía, pero Plinio o Vello (século I) xa menciona en *Historia natural II*, 106 unha fonte etíope cuxas augas eran frías de día e quentes de noite. Esa noticia repítese durante a Idade Media en textos de Isidoro de Sevilla (*Etimoloxías XIII*, 21) e nas coleccións de marabillas do mundo, e no século XVI en crónicas de viaxeiros portugueses como as de Francisco Álvares (*Verdadeira informação das terras do preste João das Índias*, 1540). A explicación deste fenómeno é que en zonas volcánicas as fontes termais poden mudar de temperatura segundo a hora pola perda de calor e a interacción cos acuíferos.

cierto tiempo[91], do también hay otro lago que la mitad del día el agua es muy dulce y la otra mitad tan amarga que sirve de ponzoña[92]. Ansí que pues en una misma agua y fuente hay tanto extremo, no es de admirar que lo haya habiendo espacio de tierra.

---

91   O motivo do lago marabilloso tamén aparece recollido en varias coleccións de *mirabilia* medievais e renacentistas. Solino (século III) menciona en *Collectanea rerum memorabilium* que en Irlanda había augas e terras con propiedades prodixiosas, e en compendios medievais como o *De mirabilibus mundi* (atribuído a Alberte o Magno pero na realidade apócrifo) ou nas *Etimoloxías* de Isidoro de Sevilla aparecen referencias a lagos ou fontes onde a madeira mergullada se transformaba en pedra ou metal, reproducidas no Renacemento por compiladores como Sebastian Münster (*Cosmographia*, 1544). A conversión en ferro do pau deberíase a que este se impregnaba de óxidos ou sulfatos de ferro presentes na area, e adquiría así cor e dureza metálicas (sucede, por exemplo, no irlandés Lough Tay). E a aparente petrificación deberíase a que os obxectos mergullados en augas ricas en carbonato cálcico acaban cubertos dunha cotra mineral (ocorre na fonte termal inglesa de Knaresborough, coñecida como Petrifying Well).

92   Outro motivo presente na literatura de *mirabilia*. Plinio o Vello describe en *Historia natural* fontes con sabor cambiante ou propiedades medicinais que variaban ó longo do día. Nos textos árabes de viaxeiros a Etiopía ou África (como Al-Mas'udi) e nas traducións latinas hai alusións a augas doces pola mañá e amargas pola tarde, vistas como sinal de virtude ou misterio, que tamén recolle a *Cosmographia* de Münster. A explicación deste fenómeno está na estratificación térmica e química (cambio na concentración de minerais ou gases en superficie) ou no feito de que as nacentes reciban augas de distintos acuíferos, uns ricos en carbonatos e outros en sulfatos ou ferro, que fan varia-lo sabor dependendo de que fluxo predomine en cada momento.

Segunda parte: De los casos notables

En esta ciudad tampoco no callo
estar descubierto en la iglesia mayor
el sacramento sin más cobertor
que en otras iglesias tal cosa no hallo.
La causa y secreto, queriendo alcanzarlo
de estar ansí puesto tan gran sacramento
algunas se dicen, mas lo que yo siento
es lo mejor contino adorarlo.

En ninguna iglesia de España se ve lo que en esta, que es estar a la contina[93] en el altar mayor descubierto el santo sacramento[94]. Dos razones se dan. La una es que teniendo los arrianos[95] cierta herética opinión sobre la consagración, el concilio que la confundió se vino a fenecer en esta ciudad, que entonces era de las insignes de España. La otra razón es, y más verdadera, que antes que España se perdiese[96], se tenía en todas las iglesias en general el sacramento descubierto. Y después de aquella total destrucción, cuando los pueblos se tornaron a recobrar en memoria de aquella tan gran pérdida, se tiene cubierto hasta hoy como vemos, y como esta ciudad no fue perdida, ni los moros la pudieron tomar por su grandeza y fuerza, se quedó con la costumbre que de antes había, en cuya memoria está ansí descubierto a vista de todos[97]. Santa cosa es poderlo

---

93   A la contina: 'continuadamente'.

94   Aínda hoxe na capela maior da catedral de Lugo está permanentemente exposta a custodia coa hostia consagrada, cando o normal nos demais templos é que só se expoña nun día e hora determinados.

95   Os arrianos non crían na Santa Trindade. Deus sería unha deidade e Xesús, o seu fillo, non, aínda que fose divino. O Espírito Santo forma parte do poder infinito de Deus e non ten nada que ver con Xesús, que, sendo creado para vir salva-la humanidade, sería outra esencia distinta da de Deus. É máis, Deus crearía a Xesús antes de crea-lo tempo, polo que Xesús non tería o carácter de eterno que el tiña. Esta derivación do cristianismo fundouna o presbítero alexandrino Ario (c. 256-336).

96   Refírese á chegada dos musulmáns á península Ibérica.

97   Ningunha destas dúas causas que ofrece Molina convence a González Dávila (1650: pp. 171-172), quen sinala que a exposición permanente do sacramento non é exclusiva de Lugo,

adorar cada hora visiblemente, mas cuanto al acatamiento que se le deba tener, ni alabo ni repruebo el estar descubierto. Esta postrera es la verdadera razón, y de aquí este reino tiene por armas una hostia en un cáliz.

---

senón que a comparten o convento real de San Isidoro de León, o franciscano de Aguilera (no bispado de Osma), o dominico de Santa Catalina de la Vera de Plasencia e o convento de carmelitas observantes de Madrid (Descalzas Reais).

Un caso inefable también decir quiero
que en una hostia que fue consagrada
en carne perfecta veréis transformada
lo que cubierto se estaba primero.
Que un clérigo idiota, que ansí lo profiero,
dudando ser cierta la consagración
le fue demostrada tan santa visión
según hoy en día se está en el Cebrero.

Este admirable caso acaeció en la villa del Cebrero, que es en el primer lugar de este reino. No muchos tiempos ha, ni creo que en los nuestros se ha visto otro tal, que estando un clérigo en su misa al tiempo del consagrar, se le ofreció dudar si en aquella hostia se contenía o encerraba lo que en sus palabras decía. Y pasando en esto la mitad del momento, se le demostró sin ninguna nube lo que estaba debajo de ella, en que se convirtió la hostia visiblemente en una perfecta carne, y el vino en natural y verdadera sangre[98]. Y ansí se quedó hasta hoy día, que está en un monasterio de cuya santa vista y admiración todos gozan. Están en dos vasos de vidrio que visiblemente se parecen. Cierto es cosa para que con más vigilancia de la que se tienen procurasen todos de verlo, pues dende san Gregorio acá tal cosa no se ha visto[99].

---

98 Segundo a tradición e fontes como Yepes (1621: pp. 80-81), un labrego da aldea próxima de Barxamaior subiu á igrexa do Cebreiro para asistir á misa, a pesar da neve e do frío extremo. O crego, ó velo chegar en tales condicións, pensou con escepticismo que non pagaba a pena tal esforzo. Porén, durante a consagración produciuse o milagre: a hostia consagrada converteuse en carne e o viño en sangue, polo que o crego se arrepentiu da súa falta de fe. A primeira referencia documental que coñecemos é unha bula do papa Inocencio VIII, expedida en Roma no ano 1487, na cal se relata extensamente o suceso.

99 Non hai constancia da existencia destes vasos. Si hai no templo unhas ampolas de cristal de rocha bañadas en prata doadas por Isabel a Católica na súa visita en 1486, e tamén dous sepulcros antropomorfos que segundo unha versión da lenda pertencen ó sacerdote e ó home.

Segunda parte: De los casos notables

Notad una cosa dudosa y extraña,
que en piedra muy dura la fuerza del agua
ballestas y cruces nos pinta y nos fragua,
que quien no lo viere dirá que es patraña.
Y luego aquel agua deshace su maña
y allá en otras partes las pinta otro día.
Es en un puerto que llaman Mongía[100],
no siento quien sienta tal cosa en España.

Este caso es de los que digo que no serán creederos porque parece fabuloso si por vista cada día no lo viésemos en un puerto que llaman Mongía, en el cual, cuando la creciente hincha unas peñas y arenal que allí
hay, hace la misma agua y quedan esculpidas en las mismas peñas unas
cruces tan perfectas como si a mano se labrasen. Y también unas ballestas con sus llaves también obradas como de tal maestro que ansí las hace,
las cuales ballestas y cruces luego que el agua se abaja por la menguante
se ven allí visiblemente por todos, y luego otro día tornando a venir la
creciente las deshace[101]. Y después parecen hechas en otras partes de
aquel puerto, de la manera que hemos dicho. Cosa es tan admirable que
si no fuese tan notoria y tan vista de todos no la escribiría.

---

100   Muxía.

101   Máis alá das interpretacións fantasiosas no que atinxe ás formas, Molina refírese a un fenómeno natural que se dá nalgúns lugares onde o mar pega con forza. Por mor do iodo, cando o
mar bate nas pedras deixa unha escuma moi densa que queda na rocha e na area ó baixa-la marea,
formando figuras que se desfán unha vez volve subir.

Segunda parte: De los casos notables

Está en aquel puerto que dije Mongía
una gran barca de piedra, que es tal
con mástel y velas del mismo metal,
do quiso mostrarse la Virgen María.
Y aunque es esta barca de peso y contía,
tocando la mano, sin más otra prueba,
un niño pequeño hará que se mueva,
que burla parece tener tal porfía.

En aqueste puerto que digo que se llama Mongía se ve por vista de ojos o, por mejor decir, se toca con las manos una cosa maravillosa tan no creedera como la pasada. Está en este puerto, digo entre las peñas. Entra una barca grande de piedra con su mástel y velas de lo mismo y, siendo como es de tan gran peso y cantidad que gran número de bueyes no la podrán mover, en tocándole la mano o el dedo la hace cualquiera menear tan visiblemente como si fuese una cosa de madera pequeña que estuviese sobre el agua. Dícese que en esta barca apareció una señora y ansí se tiene por cosa notoria ca lo menos, ya que no sea ansí, no puede dejar de haber en ella otro milagro secreto, pues es cosa tan fuera de lo natural que una peña de tan innumerable peso con tocarla se mueva.[102]

---

102   O imaxinario popular afirma que o conxunto lítico do que forma parte a Pedra de Abalar de Muxía se corresponde cos restos da barca de pedra na que chegou a Virxe a Muxía para alentar a Santiago. Segundo a tradición –documentada por Otero Pedrayo en *Guía de Galicia* (1926), e por Xaquín Lorenzo e Florentino Cuevillas nos seus traballos etnográficos–, a propia Pedra de Abalar sería o casco da barca, a Pedra dos Cadrís (ou de Osadoiro) sería a vela e a Pedra do Temón sería, precisamente, o temón.

Segunda parte: De los casos notables

También es debido hagamos mención
de Finisterra[103], pues es tan nombrada,
do el mundo da fin a toda jornada
de tierra y de mar sin navegación.
Aquí está la imagen de gran devoción
por cuyos milagros ansí verdaderos
es visitada de cuantos romeros
visitan la casa de nuestro patrón.

No se me negará que este puerto de Finisterra no sea el más nombrado que hay en España, y tan deseado de ver de muchas gentes que les parece que llegados allí han de sentir algún fin de acabarse en él todo lo poblado. Y que en la mar han de ver visiblemente que no hay adelante más navegación, debiendo considerar que no hay más diferencia de llegar y ver a este puerto que a cualquiera otra costa y orilla de la mar. Lo que se sabe ya, más notorio, es que tomando el paraje derecho de la punta que aquí hace la tierra no se halla en el mundo más navegación ni donde parar, lo cual afirman todos los cosmógrafos. Está aquí una iglesia de Nuestra Señora, do está su imagen, en quien se han visto muchos milagros.

---

103 Fisterra, a fin da terra segundo a antiga concepción do mundo coñecido. O físico Jorge Mira (Zas, 1968) descubriu que, durante dous días ó ano (17 de maio e 25 de xullo), o sol ocúltase en Fisterra (a Costa da Morte do Sol) ó tempo que raia no concello xaponés de Nachikatsuura (o País do Sol Nacente). As dúas localidades, irmandadas, son meta de ancestrais rutas de peregrinación: o Camiño de Santiago e o Kumano Kodo (ambas Patrimonio da Humanidade).

Entre las cosas que son ansí dinas
pongamos la mucha abundancia de estaño
que en partes del reino se saca cada año
y más en un valle do abundan las minas,
adonde se funden las planchas tan finas
que ya lo que dicen ser de Inglaterra
le hace ventaja lo que es de esta tierra
pues hinchen las ferias de entrambas medinas.[104]

Entre otros mineros[105] de muchos metales muy conocidos que hay en este reino, pues se halla oro y plata y aun piedras muy preciadas, como turquesas finas que hay en tierra de Valdiorres[106], lo que en abundancia se halla es estaño excelente en el valle de Monterrei y su tierra[107]. Y demás de ser en tanta cantidad que en las ferias de Castilla principales no se vende otro, es en calidad tan fino que lo que de Inglaterra y de Flandes y Francia y de otras partes se trae a España, por muy preciado que sea, no hace a este ninguna ventaja. Antes se tiene por cierto que este excede a todo lo otro, y ansí se ve claro por los que de ello tienen conocimiento.

---

104   Medina del Campo e Medina de Rioseco, famosas polas súas feiras.

105   Mineros: 'minas'.

106   En Galicia hai rexistros de turquesa en San Finx, Lousame e Noia, pero non en Valdeorras, que é tradicionalmente unha comarca rica en minerais como o ouro, no período romano, e máis recentemente volframio.

107   O ilustrado José Andrés Cornide dedicouse a estuda-los recursos mineiros de Galicia e na súa *Memoria sobre las minas de Galicia y otras producciones del reino mineral* (1783) inclúe o val de Monterrei entre as zonas con explotacións de estaño, que se extraeu ata mediados do século xx.

Segunda parte: De los casos notables

Con este los casos notables acabo,
diciendo las torres de barro formadas
que Médulas son en el reino llamadas.
Es cosa de ver, ansí las alabo,
hechas de suyo en un monte muy bravo.
Cerca de aquellas veréis una cueva
que aunque su entrada por muchas se prueba
ninguno se esfuerza llegar hasta el cabo.

Cosa es notable de ver estas torres que llaman las Médulas, que son entre Valdiorres y Ponferrada[108]. Son unas torres macizas de barro sacadas de una sierra y tan perfectamente hechas con sus capiteles como si fuesen labradas a pico. Serán cinco o seis, en las cuales no hay otro material sino un barro muy colorado. No tienen ningún hueco, quieren decir que las muchas aguas cavaron aquella tierra y quedaron hechas aquellas torres, lo cual si ansí fuera no hubiera en ella aquella perfección. Otros quieren decir que aquí había grandes minas de oro, y yendo cavando quedaban cortadas aquellas torres, y que hubiese oro parece claro, porque en la ribera del río Sil, que pasa junto a estas Médulas, se halla más oro que en ninguna otra parte. Cerca de aquí está una espantosa cueva[109] a cuyo fin ninguno ha llegado ni se sabe lo que es más de que habrá treinta años que anduvieron unos hombres tres días dentro de ella y llegaron a un arroyo muy hondo y, no pudiéndole pasar, se volvieron, según es notorio en aquella tierra, en la cual está un lago que llaman el Carocedo,

---

108   Nesta época o Bierzo estaba integrado no Reino de León (así aparece, por exemplo, nas *Relacións topográficas* de Filipe II, 1570-1580), pero non era raro que en mapas (como o de Joost de Hondt, impreso en Amsterdam cara a 1610) e crónicas se considerase parte do ámbito galego debido á súa conexión lingüística e cultural e polas súas relacións sociais e comerciais. Sirva de exemplo, a este respecto, a solicitude feita en 1513 polos veciños de Ponferrada de desvencellarse do rito das vodas castelás e celebralas conforme unha provisión que se dera para o reino de Galicia (González González 1983: p. 46).

109   As galerías máis longas que se conservan na actualidade nas Médulas teñen uns 250 m, pero algúns estudos xeotécnicos e arqueolóxicos estiman que antes da ruína do terreo existían galerías de ata 1 km nas zonas principais.

que tiene casi una legua en torno, el cual tiene ondas y braveza como la mar, andan barcos por él, do hay muchos pescados y grandes, pero muy enfermos porque el lago es muy lodoso.[110]

---

110   O lago de Carucedo formouse coa acumulación de auga e sedimentos nunha antiga área de lavado, cando cesou a actividade mineira e se obstruíron ou modificaron os cursos artificiais da auga. A arxila arrastrada ó leito pola actividade mineira é a que permite que exista o lago, xa que retén a auga, pero a baixa osixenación do fondo e a turbidez da auga afecta os peixes.

[Tercera parte]: De los puertos de mar

Comienzan todos los puertos de mar y rías del reino, que es la tercera parte.

También al presente conviene tratar
de todos los puertos, pues hay abundancia
de rías y puntas y cuanta distancia
pues dende la tierra regís bien la mar.
Y puedo sin duda decir y afirmar
que en todos los reinos de nuestro monarca
este entre todos más puertos abarca
como de presto se pueden contar.

No creo que tendré contradicción en esto que aquí digo, pues uno de los reinos que en España tiene más puertos y mayor costa de mar es este de Galicia[111], y entre ellos hay dos que dicen que son los mejores que hay en el mundo, que es Ferrol y La Coruña. Demás de los que aquí diré, hay otras muchas puntas, seguros abrigos y muchos puertos que por no estar con lugares poblados no hago de ellos memoria, puesto que hay en ellos muy buenos surgideros. Serán los que hay poblados en ellos hasta cuarenta y ocho puertos ansí de las rías como de la mar, en los cuales todos hay siempre escala y contratación de navíos de todas partes, como luego en cada uno de ellos diremos.

---

111   Por mor da forma recortada das rías, a costa de Galicia, con 1498 km, é superior á de Asturias, Cantabria e o País Vasco xuntas (931 km en total), á de Andalucía (945 km) ou á de Murcia, o País Valenciano e Cataluña xuntas (1491 km en total).

Tercera parte: De los puertos de mar

Y luego comienzo, mas no del peor,
sino el primero, que llaman Baiona.
Aqueste se dice que tiene corona
de ser de navíos escala mayor,
mas de seguros hay otro mejor
y luego está Vigo, también Redondela,
adonde no entra si no es carabela
u otro navío de carga menor.

El puerto de la villa de Baiona es el que más navíos tiene a la contina, es de los buenos pueblos de este reino y el primero de la costa de Galicia. Es lugar de buena fuerza, tiene a la entrada del puerto una torre buena que llaman la torre del Príncipe[112]. Tiene otras torres con mucha y buena artillería. Están dos isleos junto al puerto. Luego, adelante está una buena ría donde están las villas de Vigo y Redondela, que son de gran pesca de sardina y pescada, y adelante está Cangas, do se toma abundancia de congrio, y de estos tres pueblos se provee por tierra mucha parte de este reino y aun de Castilla de todos pescados. Aquel pueblo de Baiona se llamaba antiguamente Boyana, por un buey que tiene por armas, y corrupto el vocablo se dice Baiona. Otros dicen que se llama Baiona por bahía, porque es la mejor playa del río[113]. Lo alto de la villa se llamaba Monte de Buey y agora se dice Monterreal después que el Rey Católico la libertó de todo pecho[114]. Es pueblo de gente noble, de hidalgos y de lealtad.

---

112   Usada como atalaia para vixia-la chegada de embarcacións (por exemplo a da carabela *La Pinta* procedente de América o 1 de marzo de 1493), derrubouse no século XVI para ser levantada de novo.

113   A explicación máis solvente sobre a orixe do topónimo *Baiona* é a achegada polos investigadores Fernando Cabeza Quiles e Gonzalo Navaza, segundo a cal o rei Afonso VIII lle cambiou en 1202 o seu antigo nome de Irizán polo actual, a imitación da Baiona vasca, debido ó prestixio dese importante e próspero porto francés na Idade Media, e tamén polo seu vínculo coa tradición xacobea.

114   En efecto, a península na que se atopaba a parte alta da antiga vila de Baiona, chamada Monte do Boi, pasou a chamarse Monterreal tras os privilexios concedidos á vila polos Reis Católicos en 1497.

Tercera parte: De los puertos de mar

Pasada esta ría, con pueblos menores,
veréis la ciudad y puerto cercano,
hija del grande caudillo greciano,
que Tui la llamamos según los autores.
Con tino regida por doctos pastores
riberas del Miño, del mar en su entrada,
de buenos pescados y fruta abastada,
de asiento tan bueno que hay pocos mejores.

Luego dende a poco camino está la ciudad de Tui, que es de gran antigüedad. Fue fundada por un capitán griego, porque, después de la destrucción de Troya, los griegos que sobre ella vinieron, esparciéndose por muchas partes, aportaron algunos capitanes a este reino. Uno fue Anfíloco[115], que edificó a Orense, como arriba dijimos, y otro que llamaron Teucro, que fundó otras poblaciones, y ansí mismo vino uno que llamaron el gran Diomedes[116], el cual edificó esta ciudad que de antes se decía Tide, a la entrada del Miño en la mar. Es buen pueblo, muy abastado y de los mejores pescados del reino, de muy frescas riberas y de gentil asiento y vivienda. Es cabeza de obispado y provincia, do siempre han sido doctísimos perlados. Está aquí un cuerpo santo que arriba dijimos.

---

115   Na mitoloxía grega, Anfíloco era fillo de Anfiarao e Erifile. Diversos autores coma Estrabón dinnos que despois da guerra contra Tebas, Anfíloco se asentou no noroeste da península Ibérica, na terra dos *kallakoi* (Estrabón 1992: v. III, § 4.3). Marco Xuniano Xustino (2008: § 44.3.4) dinos que, segundo Pompeio Trogo, os anfílocos eran un pobo galaico vencellado á emigración grega.

116   A atribución da súa fundación mítica ó heroe grego Diomedes (fillo de Tideo, do cal supostamente viría o nome Tui) débese a autores clásicos como Plinio o Vello, Claudio Ptolomeo ou Silio Itálico, que tamén documentan a existencia dun Castellum Tude.

Tercera parte: De los puertos de mar

Pasado Marín, allí en otra ría
está Pontevedra, gran contratación,
y aun de vecinos de más población
que en todo este reino hallarse podría.
Aquí se congrega la gran cofradía
que carga navíos que pasa de ciento,
de tantos pescados y mantenimiento
que hinche[117] otros reinos y a la Andalucía.

Luego en otra ría está la gran villa de Pontevedra, que es el mayor pueblo de Galicia[118] y de gente rica por la mayor parte. Es grande la pesca, y principalmente de sardina, que en este pueblo hay, y en tanta cantidad que acaece muchos años apreciarse la que llevan los navíos que de aquí salen en ochenta mil ducados, de que se provee toda la Andalucía y reino de Valencia y Sicilia y más adelante. Júntase aquí en esta villa una gran cofradía de todos los mareantes de esta costa, que suben de dos mil cofrades, que es la Cofradía del Cuerpo Santo[119], del cual dijimos arriba.

---

117   No sentido de 'saciar'.

118   Segundo os datos que se poden extraer de reconstrucións históricas baseadas en censos (como o *Censo de los millones,* de finais do século XVI) arredor de 1550 Pontevedra tiña aproximadamente 1005 «veciños», cada un dos cales representaba unha media de 5 habitantes. Por tanto, a poboación estimada sería duns 5025 habitantes, cifra semellante á de Santiago de Compostela e Ourense, e moi superior á da Coruña (uns 3000).

119   O Gremio de Mareantes de Pontevedra, o máis antigo de España, creouse en 1320 baixo a advocación do Corpo Santo e acadou a finais da Idade Media un grande esplendor, do que dá fe a construción da Basílica de Santa María a Maior.

Tercera parte: De los puertos de mar

Está Puertonovo y el Grove en su ría,
y luego en Oraza[120] comienza Cambados,
do mucha pescada con otros pescados
se salan y salen de aquí cada día.
Y tiene vecinos a Villagarcía
y a Villanueva y la Puebla adelante,
y luego el Carril, no poco triunfante
de ser de sus ostras tan gran pesquería.

Pasando el Puertonovo y el Grove, entra la ría de Aroza, que es una principal población en este reino. El primer pueblo en su entrada es la villa de Cambados, do se saca cantidad de pescada cecial[121] para muchas partes. Luego está Villanueva y par de ella Villagarcía, y luego la Puebla, donde en estos mismos puertos hay la misma pesquería en que por tierra se provee toda Castilla. Está luego en esta ría otra villa que llaman el Carril, aquí hay la mayor cantidad de ostras que hay en todo el reino ni en otros, y en tanta abundancia que se cargan navíos de ellas y en escabeches se provee Castilla y, por la más, mucha parte de España. Es provisión que se precia y estima por doquiera que se lleva.

---

120   *Oraza* e *Aroza* («Oraça» e «Aroça» no orixinal) refírense a Arousa, cuxa forma actual con *s-* se debe ó seseo (Bascuas 2002: § 15.1).

121   É dicir, seca e curada ó aire (do latín *sicciālis*, de *siccus*, 'seco').

También el Padrón está en esta ría
adonde se vino a poner aquel sol,
el gran capitán glorioso español,
traído a este puerto por tal compañía.
Aqueste, otro tiempo mandaba y regía
la iglesia metrópoli de este reinado,
mas Compostela le quita este grado
por causa del huésped que dentro tenía.

En esta misma ría de Aroza está aquel puerto del Padrón, que antiguamente llamaban Iria Flavia, donde, como ya dijimos, vino a parar nuestro caudillo y apóstol, el cual fue descubierto en tiempo que era aquí en
Padrón obispo uno llamado Teodomilio[122], a quien unos buenos hombres avisaron haber visto en un monte muchas candelas encendidas y,
yendo el obispo a aquel lugar, halló do las candelas parecían una pequeña casilla cubierta de ramos verdes en tiempo que era contra lo natural
estarlo ansí, y debajo de ella una tumba hecha de mármol, y dentro el
glorioso cuerpo. Y, cobrando de esto sobrado gozo, se fue al rey don
Alonso el Segundo, llamado el Casto, el cual sabido esto se vino luego
para este reino y mandole hacer la insigne iglesia donde agora está y do-
tola de grandes rentas y privilegios. Y con acuerdo de todos los perlados
de sus reinos, asentó en ella la villa metropolitana[123], la cual de antes
era en esta del padrón que la había asentado aquí un rey de los suevos
llamado Miro.

---

122   Teodomiro foi bispo da diocese de Iria Flavia, antecesora de Santiago de Compostela,
dende o ano 818 ata a súa morte no 847.

123   Santiago de Compostela acadou a condición de sé metropolitana por traslado da dignidade dende Mérida a Compostela no ano 1120, pero os restantes bispados galegos seguiron tendo
Braga como metrópole ata 1394.

Tercera parte: De los puertos de mar

Luego es Rianjo y sin más mirar
la villa bien noble y antigua de Noya,
sentada en un llano, que es casi una hoya,
do buenos navíos se suelen labrar.
Aquestos en Muros se acaban de armar,
un puerto cercano detrás de una sierra,
gente que habiendo bullicio de guerra
se muestra bien diestra y ardid en la mar.

Pasada la villa del Padrón está luego la de Rianjo, do se saca, como dijimos del Carril, gran cantidad de ostras, que por mar y tierra se llevan a muchas partes. Y luego, pasando un pedazo de costa de mar, está una ría do el primer puerto es la buena villa de Noia, que es gentil pueblo y de los de más antigüedad que hay en este reino; es de gente noble. Hácense aquí muchos y buenos navíos grandes y pequeños, porque tiene comarca de mucha madera. Cárgase aquí cantidad de sardina, la mejor de todo el reino, y ansí doquiera que llega alguna sardina preguntan luego por la de Noia, porque habiendo esta no se despacha otra[124]. Más delante de la misma ría, en el mar bravo, está la villa de Muros, donde la gente es diestra y en casos de necesidad defienden bien su costa[125].

---

124 Hai probas do prestixio das sardiñas de Noia dende 1238, en que o rei Fernando III o Santo lle concedeu a Noia (xunto con Pontevedra) o privilexio exclusivo de elaborar saín, produto valioso para a conservación e a iluminación. Tamén é relevante que en 1533 Noia se converteu no centro de contratación da sardiña para a Armada Real e para os mercados de Cataluña e Portugal, o que impulsa notablemente a súa industria e comercio marítimo.

125 Referencia, seguramente, á Batalla de Muros, sucedida o 25 de xullo de 1543, na que unha frota española, baixo o mando de Álvaro de Bazán y Solís, derrotou unha escuadra francesa composta por vinte e cinco naves.

Luego adelante está Corcubión,
y no muy alejos el puerto de Cee,
y a pocas jornadas se halla y se vee
el fin de la tierra, según es opinión.
Y dando su vuelta la navegación
está Camariñas, y luego Mongía,
a donde dijimos arriba que había
dos cosas notables y de admiración.

Aquí en esta misma ría está la villa de Corcubión y luego, más adelante, la que llaman Cee, y pasada esta ría, sin entremeterse otra, entra una larga costa de mar, do son muchos puertos. El primero de ellos es Finisterra, esto es lo último de lo poblado del mundo, donde se acaba la tierra y no se navega la mar porque en el paraje derecho de esta punta no se sabe más navegación ni se ha alcanzado jamás[126]. En esta villa, de la cual dije arriba, está un crucifijo tan maravilloso y de tan gran devoción que se dice no hacerle ventaja el que arriba dijimos de Orense, al cual acuden los más romeros que vienen al Apóstol[127], y también por una devotísima imagen de Nuestra Señora que aquí hace continos milagros[128]. Luego, pasando a Finisterra, está el puerto de Camariñas, y luego, tras de este, el de Mongía, do son aquellas dos cosas notables que arriba dijimos.

---

126   En 1550 xa pasaran 58 anos dende o descubrimento de América e a realidade colonial xa estaba ben establecida, pero iso non invalida a forza cultural da idea de Fisterra como fin do mundo, que segue viva na época como un mito xeográfico tradicional, con valor simbólico, literario ou retórico.

127   Como xa se sinalou previamente, a imaxe esculpida segundo a lenda por Nicodemo.

128   A virxe é a Nosa Señora das Areas, en cuxa igrexa se custodia a imaxe do Santo Cristo de Fisterra.

Tercera parte: De los puertos de mar

A poco camino es el puerto de Laja[129],
do el congrio y pescada cecial multiplica.
Pasada una punta, veréis a Malpica
y luego Caión, do bien se trabaja
matar sus ballenas, que no es chica alhaja,
pues sacan aceite y en gran muchedumbre
el cual no se come, mas para la lumbre
le hace la oliva muy poca ventaja.

En esta misma costa está el puerto de Laja, do se pesca y lleva mucha pescada y congrio cecial a Castilla y a otras partes. Luego, adelante, están dos puertos, que es el uno Malpica y el otro Caión, en los cuales principalmente más que en otros del reino mueren muchas ballenas, y la causa por qué más aquí que en otras partes las haya es porque estos puertos son muy bravos a la contina, y comúnmente las ballenas acuden donde las ondas y la mar anda siempre muy alta, y ansí aquí en ciertos tiempos del año, como que es en los meses de diciembre y enero y febrero, que es la mayor sazón, hay gran matanza de ellas[130]. Tienen ya aquí sus aparejos y aderezos esperándolas, es pesca de gran provecho porque de un ballenato, aunque sea pequeño, se sacan doscientas arrobas o cántaras de aceite, el cual sirve para todo lo que aprovecha lo de los olivos salvo por el comer. Sácase este aceite haciendo pedazos de ellas y, puestos a cocer en unas grandes calderas, se derriten y queda casi todo en grasa.

---

129   Laxe.

130   Segundo sinala Felipe Valdés Hansen (2010), o primeiro documento específico sobre a pesca en Malpica data da costeira de 1530-31, na que mareantes vascos cazaban baleas preto da súa costa. A actividade baleeira de Caión prolongouse ata finais do século xix e quedou reflectida no escudo do concello.

Tercera parte: De los puertos de mar

Tras de esto veremos a poca longura
estar La Coruña, ciudad bien señora,
dándole nombre quien fue fundadora.
Es llave del reino con su cerradura,
porque la entrada de aquí se procura
por quien la desea, de ingleses y Francia,
mas poco prosiguen aquesta ganancia
sabiendo que tiene la espalda segura.

Esta ciudad de La Coruña es una de las nombradas de toda España, ansí
por su antigüedad como por la excelencia de su puerto, que es uno de los
mejores de la cristiandad. Es la llave de este reino, tiene hermosa vista,
ansí de la parte de la tierra como de la mar, es gran escala de navíos, que
jamás faltan aquí de todas naciones carracas y urcas de ricas mercadurías,
porque ninguna viene a España de Flandes o Francia o de otra de aquellas
partes que deje de tocar aquí y, por consiguiente, ninguna pasa del Medi-
terráneo por esta mar de España que no haga escala en este puerto. Hay
aquí casa de moneda. Esta ciudad se dice haberla fundado una mujer
que se llamó Coruña, y de aquí se le quedó el mismo nombre, aunque en
otra parte en una crónica de España se escribe que esta ciudad se llamaba
el Gran Puerto Brigantiño, y de aquel nombre creo yo que se nombra la
tierra de Bregantiños, que está en su comarca[131]. Aquí es aquella afamada
torre de la cual tratamos arriba.

---

131   Gonzalo Navaza (2016: pp. 119-164) defende que o nome *Crunia* (a forma latina anterior do topónimo, documentada en 1208) non existía previamente no terreo, senón que ten a
súa fonte na obra medieval *Historia Turpini* (libro IV do *Codex Calixtinus*). Segundo esta inves-
tigación, foi o rei Afonso IX quen, ó concede-lo foral en 1208, adoptou o topónimo literario
Crunia para renomear a vila de Faro (antigo nome do que hoxe é a Coruña).

TERCERA PARTE: De los puertos de mar

Aquí en esta ría, que es bien principal,
veréis a Betanzos[132] pasando ocho millas,
ciudad en el reino que tiene dos sillas
de tierra y de mar ansí general.
Aquí es la gran carga y descarga de sal
de lindas riberas y en todo sobrada
de gente bien llana y en parte poblada
de nobles hidalgos de lustre y caudal.

Antes de la ciudad de Betanzos está la villa del Pasaje, donde hay las más hermosas y mayores ostras del reino, no tantas en cantidad como en el Carril y Rianjo. Por aquí cerca es el coto de Lero[133], que es una fresca ribera, y ansí entra esta ría de Betanzos, do viene el río Mandeo, que nace a siete leguas de allí en la sierra de Cambados[134]. Esta ciudad es de las principales del reino, do hay gente noble y de calidad. Es muy abundante de gentiles riberas con todas suertes de frutas y bien proveído de todos mantenimientos. Es tierra de mucho vino, entran en esta ría muchos navíos y hay aquí el mejor alfolí de sal de todo el reino con muchas preeminencias sobre los otros alfolíes. Tiene esta ciudad grandes privilegios de reyes pasados por notables servicios que ha hecho, como en los mismos privilegios se declaran.

---

132   Capital da provincia de Betanzos do antigo Reino de Galicia, compartida nesta altura coa cidade da Coruña. Outorgoulle o título de vila o rei Afonso IX en 1212.

133   Leiro, no actual concello de Miño.

134   Por probable erro de impresor aparece como «Cambados» o que debe ser «Cumbraos».

Como en el canto se esmera el bemol
ansí Puentes de Ume[135], sin que otra discante,
que en todas riberas de vista triunfante
puede por cierto llevar el farol.
Luego tras de esto, veréis a Ferrol,
puerto extremado que a todos ha popa,
pues puede afirmarse que en toda la Europa
podemos a este pintarle por sol.

Esta villa de las Puentes de Ume, donde dije arriba que está aquella maravillosa puente, es pueblo de tanta frescura de árboles y de tan deleitable asiento y vista que se puede llamar el vergel de Galicia; abunda de muchas frutas. Tiene tan agradables riberas que en toda Castilla y en otras muchas partes se haría gran fiesta de ellas. Luego adelante está el puerto de Ferrol, que se tiene por uno de los más excelentes y seguros de los del mundo. Tiene grandes aferraderos y muy seguras entradas[136]. Llámase el río de estas puentes el Ume, que nace en la sierra del monasterio de Monfero, que es a dos o tres leguas de allí, del cual diremos adelante[137].

---

135   Nos documentos da época a separación das palabras non era regular, e con frecuencia as preposicións ou artigos aparecían unidos ás palabras seguintes. A priori podería parecer que é así aquí, onde Molina escribe «puentes deume», pero máis adiante chamará ó río tanto *Eume* coma *Ume*. Esta última é a forma máis usada por el, polo que é a que reproducimos.

136   Poucos anos despois de que Molina escribise isto, en 1577, acometeuse a construción dos fortes de San Filipe, A Palma e San Martiño

137   O mosteiro de Santa María de Monfero está nas fragas do Eume, mentres que o río Eume nace da serra do Xistral, a uns 60 km.

Tercera parte: De los puertos de mar

Al fin de una ría se muestra a ser Neda,
y luego a Cedera[138] veremos estar
de pan y de vino mejor que de mar,
no siento otro puerto que aquí decir pueda.
Y luego una ría comienza su rueda
do están Santa Marta, Cariño, Espasante
y Bares, Cellero[139], que es poco adelante,
salvo si alguno por yerro se queda.

Pasado el puerto de Ferrol, entra una ría pequeña en la cual está solamente la villa de Neda, y luego sigue la mar su costa en que está el puerto de Cedera, que es de tierra fértil de pan y vino. Dende a poco trecho va otra ría do son las villas de Santa Marta, y Cariño y Espasante. En Santa Marta hay gran cantidad de madera y de ella para navíos. Pasada esta ría está luego en la costa un puerto que se llama Bares y luego otro que dicen Cellero, que son mejores de vino en la tierra que de pesca en la mar.

---

138   Cedeira.

139   Celeiro.

Tercera parte: De los puertos de mar

Allá en otra ría no poco viciosa
veréis a Vivero, fermosa ribera,
tan abastada como otra cualquiera
de pesca y de vinos y fruta abundosa,
villa poblada de gente lustrosa,
salidas y vistas y buenos asientos,
do fuegos ni cosas de tristes eventos
jamás la quitaron de ser populosa.

Vivero es una de las gentiles villas de este reino, a lo menos de hermosas salidas y agradables vistas y abundancia de todas cosas. Hay pocos pueblos en el reino que le hagan ventaja, es tierra de mucho vino y de buenos mantenimientos, y sobre todo de gentil asiento y vivienda[140]. Hay aquí gente noble. En poco espacio de tiempo se ha quemado dos veces, y cada vez gran parte de la villa, mas muy en breve se ha tornado a reedificar por ser lugar populoso y de mucha gente. Llámase este río que aquí entra Landrove: nace de allí cuatro leguas en la sierra del Valle de Oro[141], del cual diremos adelante.

---

140 Segundo conta Carlos Nuevo (2016), cronista oficial de Viveiro, a viticultura na zona de Viveiro e, máis en xeral, na Mariña Lucense, foi unha actividade importante dende tempos medievais, e especialmente durante os séculos xv e xvi. A madeira foi tamén un produto esencial na economía de Viveiro, especialmente para a construción naval, aínda que tamén se exportaba a lugares como Lisboa ou Sevilla.

141 O Valadouro.

Tercera parte: De los puertos de mar

Luego veremos, allá en el mar bravo,
a San Cebrián[142], también a Burelas,
a Nois[143], Santiago[144], a do carabelas
se labran, y aun naos, que de esto lo alabo.
Y ansí con dos puertos fenezco y acabo
a toda esta costa, y el uno es el río
tras del Ribadeo que acaba el pabilo
de toda Galicia pues este es el cabo.

Pasada aquella ría de Vivero va la costa de la mar brava en la cual están estos puertos: San Cebrián y luego Burelas. Aquí en estos dos se matan también ballenas, porque, como dije arriba, acuden siempre a los puertos bravos. La manera con que las matan es esta: súbese una atalaya a la punta de una sierra que cae sobre la mar y de allí ve de lejos saltar cantidad de agua para arriba haciendo mucha espuma, y aun la misma ballena viene la mitad del cuerpo fuera de la agua. Y ansí la atalaya da aviso a los marineros, los cuales, armando sus barcas y poniendo dentro mucha cantidad de cuerdas y en los cabos atados unos dardos arponados, se van a ellas, y tirándoles, como se sienten heridas, van luego muy bravas para lo alto de la mar, llevando metidos aquellos arpones, y los pescadores, dándoles siempre cuerda, las siguen hasta que, ya de muy desangradas y perdida aquella furia, las traen tirando de ellas hasta tierra, donde haciendo grandes fuegos, sacan de ellas mucho aceite, como dijimos arriba hablando de los puertos de Caión y Malpica. Luego adelante en una ría está Ribadeo, del cual diremos cuando tratemos de los ríos. Aquí se acaba toda la costa de este reino.

---

142   San Cibrao.

143   Parroquia do concello de Foz.

144   Trátase do porto de Foz, freguesía baixo a advocación do apóstolo. Na época de Molina era máis coñecido como «porto do Rego da Foz» e tamén desenvolvía, ó igual cós outros dous que cita, unha importante actividade baleeira.

[Cuarta parte]: De los ríos y pueblos

La cuarta parte, que trata de los ríos principales del reino y de los pueblos y tierras por do pasan, y de lo que hay en cada uno.

Pues casos notables están relatados,
también edificios de extraña hechura,
y ansí de los puertos he hecho escritura,
digamos los ríos, que no están notados.
Y puesto que muchos autores pasados
cada cual de ellos los pone en su historia,
no hacen de todos tan clara memoria
como de veras aquí van nombrados.

Lo que agora queremos tratar es de los ríos, y, habiendo como de fuerza habremos de hablar de los pueblos y lugares por donde pasan, era hacer larga escritura si no usase de la brevedad de lo pasado. Y aunque no tocase en las tierras que riegan sino solamente dijese de ellos mismos cuáles son, habría bien que escribir, porque Galicia toda es sembrada de ríos y fuentes y arroyos que continamente corren sin que ninguna fuerza de verano les quite de todo en todo su curso, mas al fin haré mención de los principales de quien se tiene cuenta por tener también ocasión de hacerla de los buenos pueblos por do van, y ansí quedarán pocos en Galicia de quien no hablemos.

Pues de los ríos tomamos el hilo,
digamos de cuatro no mucho caudales,
que en su nacimiento se muestran ser tales
con Gange y con Tigris, Éufrates y Nilo,
y ansí nacen estos en cruz y por filo
al pie de una sierra bien alta y fragosa
de cuyos caminos da lumbre la prosa,
pues tienen los versos tasado el pabilo.

La sierra donde nacen estos cuatro ríos es aquella que arriba dije que se llama de San Mamed, al pie de la cual salen estos cuatro en cruz imitando a los otro cuatro del paraíso terrenal. Llámase el uno Arnoia y el otro Navea. De los otros dos diremos luego. El Arnoia nace en la fuente santa que está en lo bajo de la sierra, va luego a dar a Allariz, que es una buena villa de este reino en la cual, como prometí decir arriba, están sepultados en el monasterio de Santa Clara dos infantes hermanos, que se decían don Felipe y doña María, hijos del rey don Sancho el Gordo. Estos dos infantes fueron casados (aunque hermanos) por causa de la generación, y después de habido fueron apartados y en penitencia de esto hicieron tres monasterios en este reino. El uno es esta casa de Allariz, el otro el monasterio de Osera, el otro el de Melón[145], que está en Ribero de Avia. Esto está escrito en aquella casa de Santa Clara en unos privilegios que por razón de esto tienen. Dícese que fundó esta villa un rey de los godos llamado Alarico, del cual se llama Allariz[146]. Luego este río va a dar a tierra de Sande y dende a poco entra en el Miño. El otro río se llama Navea, al cual no le dura la vida

---

145   A Sancho I de León, chamado «o Craso» ou «o Gordo» (c. 935-966), só se lle coñece o seu fillo Ramiro, que o sucedeu á súa morte. Os tres mosteiros citados teñen orixes moi diversas: o de Santa Clara de Allariz fundouno en 1268 a raíña Violante, esposa de Afonso X; o de Oseira e o de Melón, ambos do Císter, son anteriores por máis dun século.

146   Malia ser unha teoría que tivo certa difusión, hoxe descártase que o nome de Allariz estea relacionado co de Alarico. Allariz seguramente provén de «Alaris», relacionado coa palabra celta ou prerromana «alar», que se usaba para describir un lugar elevado ou fortificado. (Navaza 1999)

Cuarta parte: De los ríos y pueblos

sino dos leguas, porque luego entra en el río Bibei, y el Bibei en el Sil, como diremos adelante.

Sabidos los otros, el río tercero
es el que riega aquel valle vicioso
y aunque es no sabido su nombre dudoso
el Tamais se llama por más verdadero.
El cuarto de aquestos, que fue Leborero[147],
es el que pasa por Montederrama,
mas no dende a mucho lo cita y lo llama
el Sil a su silo de muchos granero.

El otro río que nace en aquella tierra se llama el Tamais. Va por unas montañas ásperas y estériles, mas él se restaura presto, porque abaja luego a uno de los más frescos valles y vista que hay en Galicia, que es el valle de Monterrei, y travesándolo de cabo a cabo tiene este valle tres leguas en largo y una en ancho. Es de los abundosos que hay en el reino, y aun en Castilla, de cuantas cosas en general se puede pedir, de gran sobra de pan y vino y ganado, todo de género de caza y todas suertes de frutas preciadas en abundancia. Está la villa puesta en un alto, y es en gran manera fuerte, porque es toda terraplano, de suerte que vienen las almenas de la muralla a estar en ras con la villa. Pudiera ser en más tenida su fuerza en otro tiempo y en otra parte, puesto que todavía importa, pues al fin está a frontera de reino que es Portugal, y a vista de tres fortalezas que se ven unas a otras, que es Monforte de Rio Livre, y la otra la villa de Chaves y la otra el castillo de Ervededo[148]. Pasa este río al pie de la cuesta junto a un lugar que se dice Verín, que es lugar de gran paso, do hay muchos mercaderes. De este río Tamais se llaman antiguamente tamagueles los que en esta ribera vivían, y ansí hay algunos lugares que

---

147   Con «Tamais» Molina refírese ó Támega (que non se debe confundir co Támoga). Hoxe en día *Leboreiro* é o nome de varios lugares repartidos por toda Galicia, pero non o de ningún río. Con todo, Molina debe referirse ó río Mao, que nace preto de Montederramo e pasa polo lugar de Leboreiro deste concello, onde forma un encoro.

148   Tanto Monforte de Rio Livre coma Ervededo foron no pasado concellos de seu, pero hoxe en día están dentro do termo municipal de Chaves.

hay en el valle se han quedado con el mismo nombre[149]. El cuarto río se dice Leborero[150], que va a dar al monasterio de Montederrama, que es una honrada casa de bernardos, y dende a tres leguas entra en el Sil, que acoge otros muchos.

---

149   Hai en Verín dúas parroquias cuxos nomes teñen como orixe este etnónimo: Tamagos e Tamaguelos.

150   O río Mao, que pasa pola parroquia de Leboreiro, no concello de Montederramo.

También otra sierra no mucho menor
cría otros cuatro, mas no están cruzados.
Son estos sus nombres, pues son bien notados:
Navia, con Selmo, Valcácer y Lor[151].
En este postrero pongamos calor,
pues que los otros se van otras vías
y pasa este Lor por dos ferrerías,
que solas aquellas le dan su loor.

Cerca del Cebrero nacen en una sierra estos cuatro ríos allí donde dicen Felgoso[152]. Este que llaman Lor es par de aquella fuente Lóuzara[153], que arriba dije por cosa maravillosa. Viene luego este río a dar a la ferrería de Lóuzara y de allí más adelante a otra que llaman de Valdomiro[154], de las cuales diremos después, y luego va a la puente de Lor[155], y de allí derecho a entrar en el Sil cerca del monasterio de Torbeo[156]. Nacen en par de este río los otros tres, los dos que son Navia y Selmo van para Asturias, el otro que es Valcácer[157] va a dar al gran río Sil, del cual digamos agora.

---

151   O Navia, o Valcarce e o Lor nacen no concello de Pedrafita do Cebreiro, na serra dos Ancares, mentres que o Selmo nace no concello de Folgoso, na serra do Courel.

152   Folgoso do Courel.

153   O río Lor nace en Fonlor, nos Ancares. O Lóuzara é un afluente que se une ó Lor en Folgoso do Courel.

154   No val do Lóuzara había varias ferrerías: podería referirse á de Gundriz, en Samos, ou á de Lousadela, en Folgoso. Sobre a de Baldomir non hai dúbidas.

155   Sita no lugar da Ponte (Quiroga) e datada a finais do século XIV, coñécese como ponte de Barxa do Lor.

156   Do mosteiro bieito de Santa María de Torbeo, no concello de Ribas de Sil, só se conserva hoxe a igrexa.

157   O río Valcarce conflúe en Vilafranca do Bierzo co Burbia, que á súa vez desemboca no Sil en Toural dos Vaos.

Cuarta parte: De los ríos y pueblos

Digamos del Sil, pues tiene valía
no solo en Galicia, mas aun fuera de ella.
Es de riberas más fértil y bella
que en muchas partidas hallarse podría
el Miño. Con este tomó compañía
llamándose Miño, aunque era el menor,
porque apartados el Sil es mayor,
ansí que es injusta la tal compañía[158].

Este río es tan fertilísimo que por doquiera que va llena las más abundosas riberas que se pueden hallar. Nace entre el principado de las Asturias y la provincia del Bierzo, viene por Ponferrada y de allí entra en Galicia. Y va lo primero a la Puente Nueva[159], y luego pasa la tierra de Valdiorres, que es un pedazo muy fértil de toda cosa, y de allí va a la puente Cigarrosa[160], y luego entra Montefurado, que arriba tratamos ser cosa admirable, y dende a poco espacio recoge al río Bibei, de quien diremos adelante, y luego entra aquí el río Sildón[161], y a poco trecho otro que llaman Quiroga, que vienen y nacen ambos en la sierra de Courel, de los cuales también hablaremos. Y ansí mismo recoge luego al río de Lor, de quien ya dijimos que viene del Cebrero, y ansí va hasta la puente Paradela[162], la cual por si sola pudiera poner por cosa nota-

---

158   O feito de que trala confluencia do Sil (184 m³/s) e do Miño (102 m³/s) o río resultante se chame Miño, cando o caudal do Sil era maior, deu lugar ó dito: «O Miño leva a fama e o Sil dálle a auga».

159   A Ponte de Domingos Flórez.

160   A ponte pola que a Via Nova romana cruzaba o Sil no actual concello de Petín.

161   O río Soldón.

162   A ponte de Paradela cruzaba o canón do Sil entre os actuais concellos de Monforte e Ponte Caldelas, onde hoxe o nivel do río subiu varios metros polo encoro de Santo Estevo. Sobre ela di Joaquín Arias Sanjurjo (1914): «[...] entramos en el país de los Caldelaos, dejando á la derecha la barca de Paradela, en la que todavía existen los pilares que sostuvieron el magnífico puente colgante de madera que describió Molina en el siglo XVI [...]. Dos siglos más tarde creyó el P. Sarmiento ver en esas torres los pilares de un arruinado puente romano».

ble, y para ser de madera no puede haber en España igual edificio. Está allí el río hundido entre dos sierras muy altas, y pasa por medio de dos peñas, y encima de cada una está hecha una torre, y de torre a torre va en el aire un edificio de madera que tiene ciento y veinte pies en largo, y para pasar a cada una de estas torres va otra puente de madera con su capitel en cada una: es cosa de mirar. Pasada esta puente, va el Sil a un monasterio notable que llaman San Esteban de Riba del Sil, de la Orden de San Benito, donde arriba dijimos que había siete cuerpos santos de obispos. Este monasterio es un recogido colegio do siempre hay colegiales, y es de tan hermoso y delicado edificio que no debiera estar en tan encerrada montaña. Muchos otros monasterios están a la ribera de este río, porque dende que entra por tierra de Quiroga tiene en sus riberas ocho hasta que llega cerca de la Barca que dicen de San Esteban, do entra el río Leborero[163] en este Sil, como ya dijimos, y ansí llega el Sil a do dicen los Pilares de Entrambasmestas[164], donde se juntan el Miño y el Sil, y dende aquí el Sil pierde su nombre y se llama todo el río el Miño. Dicen que la causa es porque el Sil es extranjero y el Miño natural. Otros dicen que porque en algunas grandes secas de tiempos pasados se ha hallado secarse todos los ríos y quedar solo el Miño. Otro agravio también parece que recibe el Sil del Miño, porque riberas del Sil se halla mucho bermellón que se dice miñión, y el río del Miño toma y hurta el nombre del bermellón al Sil no teniendo el Miño en sus riberas ninguno[165].

---

163   O río Mao, que pasa pola parroquia de Leboreiro, no concello de Montederramo, quedou bastante atrás. O que desemboca neste punto é o Cabe.

164   Fala dos Peares, un núcleo de poboación que actualmente comprende catro parroquias de dous concellos ourensáns e outros tantos lugueses (Os Peares, da Peroxa e Viñoás, de Nogueira de Ramuín, en Ourense, e Carballedo, de Oleiros e Pombeiro, de Pantón, en Lugo). Un lugar da parroquia de Oleiros conserva actualmente o nome de Ambasmestas (< AQUAS MIXTAS), que se debe á confluencia dos ríos Miño, Sil e Búbal.

165   Molina puido lerlle esta explicación, entre outros, a Pompeio Trogo (Xustino, 2008): «Es esta region muy abastada de cobre y plomo, y aun de bermellon, o minio cuyo color dio nombre a un rio que por ella corre». Porén, aínda que sería posible que a orixe de Miño fose *minium* ('vermello', 'minio'), ó máis probable é que proveña da raíz indoeuropea *mei- 'camiñar', 'ir', como o italiano Mignone, ou alemán Main e outros moitos ríos europeos.

CUARTA PARTE: De los ríos y pueblos

Nacen del Pico Gistral, bien sabido,
tres ríos, y pongo a Landrove primero,
que algunos le llaman el río Vivero
tomando del pueblo también apellido.
El otro es el Masna, que arriba he traído,
al otro tercero le llaman el Ume.
Este no es grande, mas cierto presume
por sola su puente de ser muy tenido[166].

En esta tierra que llaman Pico do Gistral nacen tres ríos, es hacia el Valle de Oro. El uno es Landrove, que va a dar a la villa de Vivero, de la cual dijimos arriba, y algunos llaman a este río el Vivero por razón de este pueblo por do pasa. El otro río se llama Masna, que es el que entra en la ría del puerto de Santiago de Foz, do se hacen gentiles navíos y de mucho porte, porque es tierra de mucha madera y fuste para ellos. El otro río se llama el Ume, que no es grande, mas por la grandeza de aquella puente de que dijimos arriba hay memoria de él, que son las Puentes de Ume, por do va este río derecho a la mar.

---

166   Ademais dos citados Landrove, Masma e Eume, na serra do Xistral nacen tamén o Sor e o Ouro, que dá nome ó Valadouro («Valle de Oro» no texto de Molina).

Digamos del Búbal, que no es de menores,
que pasa por tierra no mucho poblada
cerca de un pueblo que llaman Chantada.
También es Orense de sus derredores,
pues es en su iglesia de sillas mayores
nace este río metido entre cerros.
Solían sus aguas dar fuerza a los hierros
según que lo escriben algunos autores.

Este río que se dice el Búbal nace entre dos cerros de aquel cabo de la villa de Chantada hacia el oriente, y viene luego por tierra de aquella villa. De este río toma nombre un arcedianazgo en la iglesia de Orense[167], y de este río dice Trogo Pompeo, a quien sigue Justino, que ningún antiguo se confió en sus armas ni creía tenerlas fuertes si no eran tocadas en las aguas del río Bíbilis[168], que es este Búbal, aunque algunos quieren decir que el río Bíbilis sea uno que pasa cerca de la ciudad Compostela, abajo del monasterio que llaman Belvís por aquel río Bíbilis[169], pero la verdad es esta, que todos tienen que fue dicho por este Búbal. Lo mismo dicen los mismos autores de otro río de este reino llamado el Cabe, del cual diremos adelante.

---

167   Dende principios do século XII había en Ourense cinco arcediagos, o que supoñía que a diocese se dividía noutros tantos arcediagados: Baronceli, Caldelas, Búbal, Castela e Limia.

168   O historiador romano Pompeio Trogo escribiu unhas *Historias filípicas* hoxe perdidas das que quedan a *Epítome* feita delas por Xustino tres séculos máis tarde. No seu libro 44.3 dise a propósito dos galegos: «O seu ferro é dunha calidade extraordinaria, pero a súa auga é máis poderosa có propio ferro; pois o ferro, ó ser temperado nela, faise máis rexo; entre eles non se estima ningunha arma que non se mergullase ou no río Bírbilis ou no Cálibes». Porén, ese Bírbilis é o nome celtibérico do río Xalón, que daría nome á cidade de Bílbilis, e o Cálibes debe corresponderse co Queiles, que pasa pola actual Tarazona, ambas famosas pola boa calidade do seu ferro.

169   O río que pasa polas inmediacións do convento de Belvís é o Sar. O nome *Belvís* procede en realidade do latín *bellu visu*.

Cuarta parte: De los ríos y pueblos

Pasamos al río famoso de nombre
que en nuestra Galicia llamamos el Miño,
al cual hasta agora llamáramos niño,
mas otros que absorbe le hacen ser hombre.
En partes va bravo, que no hay quien no asombre,
pasa por pueblos que aquí se dirán.
La fuente do nace se llama Miñán,
que de este Miñán tomo su renombre.

Este es el más caudaloso río de fama que hay en este reino, y aun de obra después que se junta con el Sil. Es muy provechoso, porque tiene dende que nace hasta que entra en la mar las más abundosas riberas que puede haber en España. Tiene su nacimiento cerca de la ciudad de Lugo[170] y nace tan grande que luego en su principio hace buen río. De allí va a Otero de Rey, do entra en él un río que llaman Ladra, de quien diremos adelante, y luego pasa por Lugo, que es bien memorada y antigua ciudad y fue de tan gran población como la hubo en España. Está agora tan despoblada que de diez partes no tiene la una, y fue tan insigne que en el tiempo que los romanos señoreaban a España residía en esta ciudad la gobernación de grandes provincias. De allí va luego a Puertomarín, donde el río cría allí y hay tanta multitud de anguilas que, no pudiéndose gastar, se salan y llevan por el reino. De allí va a la puente Belesar y luego llega a do fue otra, cuyos pilares parecen agora, que llaman Entrambasmestas. Aquí viene el otro gran río del Sil, de quien ya tratamos arriba, y se junta aquí con el Miño, y por esto llaman aquí a este lugar Entrambasmestas[171], por primero que el Miño llegue aquí lleva consigo al río de Neira, que nace en las montañas de Navia y Burón, y ansí este Miño, yendo ya soberbio con el socorro del Sil, ya a Orense, que es de las principales ciudades de este reino, la cual fue fundada por un capitán

---

170 Nace no Pedregal de Irimia, a 40 km de Lugo.

171 Ambasmestas, nos Peares.

griego llamado Anfíloco[172], que vino a Galicia después de la destrucción de Troya, y de su nombre llamó a esta ciudad Anfiloquía, y después los romanos la llamaron Aguas Caldas por las fuentes que en ella hay, de que ya dijimos, y dende a poco los de España la llamaron Orense por el mucho oro que de este río se sacaba y hoy día se halla[173]. El pueblo es de gran provisión, abundantísimo de todo género de frutas y mantenimientos, en especial de vinos, que son de los señalados de España y en tanta cantidad que a su reino y a otros bastece. Es la ciudad bien poblada y de muchos hidalgos que viven ansí dentro como fuera. Tiene la mejor comarca que hay en el reino, de aquí va el Miño a la puente Castrelo[174], que es tan notable edificio que por particular grandeza se podría poner por sí en nuestra obra, y luego pasa por el Ribero de Avia, que es tierra en gran manera deleitable. Aquí son los afamados vinos de Ribadavia, que se estiman por unos de los buenos del mundo, y en otros reinos los estiman en mucho, porque traspuestos son muy mejores. De aquí va el río a Salvatierra, que es una villa conocida en el reino, y luego llega muy poderosa a entrar en la mar por la ciudad de Tui, de la cual hablamos arriba tratando de los puertos de mar.

---

172 Non era raro ver esta teoría en publicacións da época: «[…] Teucro hermano de Aiax […] navego por los mares adelante hasta allegar a la costa de España, y tomo aquella parte donde agora es Carthagena: y desde ay se passo a Galizia: y hecho su assiento alli dio nombre a aquella nacion. Son llamado assi mismo cierta parte destos habitadores de Galizia Amphilocos» (Pompeio Trogo 1542).

173 Os primeiros nomes rexistrados da cidade de Ourense son *Auria* ou *Auregia*, durante a época romana, e *Auriensis Civitatis* no século XII.

174 Levouna unha riada pouco despois de que Molina escribise isto, e non se construíu outra ata finais do século XIX.

Cuarta parte: De los ríos y pueblos

Pues digo los ríos que son más notables
no es bien que a la Ulla dejemos atrás,
que todos los tiempos, pues corre a compás,
podemos ponerlo con los memorables.
Y son sus riberas ansí deleitables,
que al Sil y aun al Miño son casi tamañas.
Pasa por tierras y tantas montañas
que hace sus vistas ser muy agradables.

Este río que llaman la Ulla es de los buenos y grandes que hay en Galicia, y de los que más excelentes riberas tienen. Nace entre la ciudad de Lugo y el Pambre[175], va luego por tierra de Ulloa, de la cual tomó el nombre, y va por tierra de Monterroso a la puente de Arcediano, y a la nueva, y de allí a la puente Ledesma, y luego a la de Ulla[176], al pie del Pico Sacro, por donde lleva grandes y hermosas riberas de muchas y preciadas frutas. Junto a esta puente, menos de una milla, está un monasterio despoblado encima del mismo río, entre unas peñas, y el monasterio tan hondo y cubierto de árboles que parece una de las más contemplativas cosas del mundo, y para hombres amigos de soledad no se puede pintar otra mayor[177]. De aquí va este río a la puente de Sarandón[178], por tierra de Tabeirós y de Santles[179], y luego va a dar al Padrón, do entra en la mar.

---

175 Nace ó sur tanto de Lugo como de Pambre, no concello de Antas de Ulla.

176 San Xoán da Ponte Arcediago, parroquia do concello de Santiso, e Santa María Madalena da Ponte Ulla, parroquia do concello de Vedra, respectivamente.

177 O mosteiro de San Xoán da Cova, do século IX, dedicado a san Xoán Bautista. Arrasouno a riada de 1571, e ata principios do século XX aínda eran visibles os seus alicerces, pero acabaron sepultados tras as obras da Ponte de Gundián (Barros 2013: pp. 263-286).

178 Unía as parroquias de Sarandón (Vedra) e Ribeira (A Estrada). Calcúlase que se levantou no século XII, pero a riada de 1571 e outras posteriores arrasárona, polo que houbo que recorrer a barcas para cruzar ata que en 1929 se rematou de construír unha nova sobre os vellos piares.

179 Atopamos «sant les» no documento impreso e «santies» no manuscrito, Parrilla dá «Santies». Hai no concello de Vedra dúas parroquias e un lugar chamados *Sales* e no da Estrada unha parroquia e un lugar chamados *Santeles*. Pola referencia simultánea a Tabeirós e a coincidencia na secuencia —nt— na edición impresa e no manuscrito parece máis probable que se trate de Santeles e non de Sales.

Cuarta parte: De los ríos y pueblos

También asentemos en esta bandera
al río Bibei, que en algo es nombrado,
que va por Viana, también por Sobrado.
La sierra do nace se diz Segundera,
y ansí prosiguiendo su vía y carrera
le viene el Morisco del monte Laroco,
mas dúrale a entrambos su nombre muy poco,
que el Sil se les muestra la parca tercera[180].

Este río del Bibei es de los buenos de Galicia. Nace en la sierra que llaman Segundera y luego viene a dar por Viana del Bollo. Esta es tierra fértil que abunda de mantenimientos, en especial de ganados, puesto que
por la mayor parte toda Galicia es tan abastada de esto que no se gasta
la mitad en ella, porque gran parte se lleva a Castilla. De allí viene por
Manzaneda, y luego por el coto de Sobrado, y de allí va a la puente que
llaman de Bibei, donde cerca de ella entra el río Morisco[181], que nace en
la sierra del Bollo, y viene por su puente del Morisco[182] a dar en el Bibei,
y luego de aquí va a dar en el Sil cuando este Sil sale del Montefurado,
como arriba dije.

---

180   Na mitoloxía romana, as parcas eran tres divindades que controlaban o destino dos mor-
tais: a primeira, Nona, tecía o fío da vida; a segunda, Décima, observaba a súa lonxitude e o seu
camiño; a terceira, Morta, cortaba o fío.

181   Trátase do río Xares, tamén chamado da Alberguería (aldea do concello da Veiga asolagada en 1958 polo encoro de Prada) ou Mourisco, por atravesar a parroquia de Portomourisco
(concello de Petín). O Xares conflúe co Bibei varios quilómetros antes da Ponte Bibei: 5,5
seguindo o curso do propio río ou 11 seguindo a estrada.

182   En Portomourisco existe unha ponte construída en 1702 probablemente sobre a base
dunha medieval.

Cuarta parte: De los ríos y pueblos

Dos ríos a quien su fama no empina
digamos agora que es Sar y Sarela,
que cruzan la buena ciudad Compostela
que de ella les viene memoria tan dina.
Y porque a Sarela la gente no atina
sabed que es el río que, siendo pequeño,
toma renombre bien grande del dueño
de cuya es la tierra por donde camina.

Otros ríos de más ser y caudal que estos dejo de poner ansí porque
duran poco como porque no pasan por lugares de que se deba hacer
memoria, y por esta razón se ha de hacer mucha de estos, por ceñir la
mejor ciudad del reino. Viene el un río de oriente, y el otro de occi-
dente[183], nacen muy cerca de Santiago y viénense a juntar muy cerca
de ella. El uno se llama Sar, aunque otros quisieron decir que se decía
el Bíbilis, cuyas aguas eran muy perfectas para templar el hierro según
algunos autores, y que de este Bíbilis tomo nombre Belvís, un monasterio que está encima de él, pero la verdad es que es el río Búbal[184],
como arriba dijimos. El otro se llama Sarela, que es el que decimos del
Arzobispo, porque pasa por lo bueno de su tierra y principalmente por
la ciudad Compostela, do está el glorioso Apóstol, que esto solo bastaba para hablar de este pueblo, el cual es poblado de gente noble y rica.
Parece estar fundada en lo bueno de Castilla, y aun la lengua gallega no
permanece aquí mucho[185]. Es proveído grandemente de todos mantenimientos, y las plazas llenas de aves y caza con gran sobra de todas

---

183   Os dous avanzan máis ou menos en dirección suroeste, o Sarela rodeando Santiago polo
oeste e o Sar polo leste.

184   Na nota correspondente do capítulo dedicado ó río Búbal explícase este erro. O nome
Belvís viría de *bellu visu*.

185   Aínda que Molina escribe a súa obra para destaca-los méritos de Galicia, considera demé-
rito o que lle é propio (a lingua galega) e destacable aquilo no que se parece a Castela. É unha
constante en toda a obra subliña-lo valor de algo sinalando que ten boa aceptación en Castela
ou que alí non o hai mellor.

frutas y de pescados. Es el puerto de todos los puertos, porque aquí acuden todos. Es proveído de toda suerte de mercadería, do hay todos los oficios necesarios. Hay oficios de gran majestad, entre los cuales es la iglesia mayor, a cuya grandeza y suntuosidad del servicio en los oficios divinos se tiene por cierto que no excede ninguna de España. Tiene excelentes capillas y muchas con gentiles dotaciones: hay grandes reliquias y otros cuerpos santos, de lo cual ya dijimos arriba al principio. Hay en esta ciudad doce monasterios[186], que no es pequeña grandeza, pues ha de ser bien principal ciudad en Castilla la que los tenga. Hay aquí aquel gran Hospital de quien ya hablamos. Está también en esta ciudad un suntuoso colegio de tan gentil edificio que en todas las universidades del mundo se estimaría en mucho[187]. Fundolo y dotolo de buena renta el valeroso arzobispo don Alonso de Fonseca, el cual libertó esta ciudad de todos pedidos y pechos. Y pasados estos dos ríos de esta ciudad, se vienen a juntar media legua de ella, llamándose siempre el río del Arzobispo hasta que entra en la mar.

---

186 Todos eles existen a día de hoxe. Son os seguintes: conventos de Santa Clara, do Carme, de San Domingos de Bonaval, de Santo Agostiño, das Orfas, de San Francisco, de Belvís, do Colexio da Compañía de María e das Nais Mercedarias, e mosteiros de Santa María de Conxo, de San Martiño Pinario e de San Paio de Antealtares.

187 O Colexio de Santiago Alfeo, ou Colexio Novo, coñecido hoxe como Colexio de Fonseca, que empezou a funcionar en 1544 e sería o xerme da universidade de Santiago de Compostela.

Cuarta parte: De los ríos y pueblos

Pongamos con todos, en este padrón,
dos ríos que tienen no gran cantidad,
mas basta que pasen por tal vecindad
para que tengan también su blasón.
El uno de aquestos será Sarandón,
el otro es el Támar[188], no mal conocido,
que basta sus puentes y aquel apellido
para que sepa quienquiera do son.

Este río que llaman Sarandón nace en tierra de Mesía, y de allí va a la puente de Sarandón, que es otra diferente de la que está a tres leguas de La Coruña, por do pasa, y de aquí va este río por cerca del Burgo, do entra en la mar[189]. El otro río se llama el Támar. Nace cerca del monasterio de Sobrado, que es entre Betanzos y Lugo, y de allí va a la puente de Sigüero, que es cerca de Santiago. Por estas dos puentes hay buena noticia de estos dos ríos. Luego va a la puente Abelaira, y de allí va a la de Puertomoro y a la de madera cerca de Altamira, y de allí va junto a un monasterio de San Justo, que es priorato del de Sobrado, y luego a la puente de Don Alonso[190], que es de las mejores del reino y de gentil edificio, y de aquí va a la villa de Noia, de la cual dijimos arriba.

---

188   Río Tambre.

189   Pode tratarse do río Mero, que desemboca na ría do Burgo. Este nace no concello de Oza-Cesuras, limítrofe co de Mesía, e atravesa Abegondo, onde hai unha parroquia chamada Sarandós.

190   Hoxe chamada Ponte Nafonso por reinterpretación de Don Afonso como «do Nafonso». Este fenómeno de reinterpretación de elementos do nome como preposicións ou artigos (ou o inverso) ocorre con relativa frecuencia (véxase, por exemplo, o caso do Grove).

También con los tales hagamos mención
del río Quiroga, que nombra su tierra
riberas del hierro, nacido en la sierra
que llaman Courel, do fue su nación.
No viene muy lejos el río Sildón[191],
que tiene y mantiene también ferrería,
y en ser tan vecinos ansí en compañía
visitan al Sil en una sazón.

El río que llaman Quiroga nace en la sierra de Courel, que parece que de allí toma nombre, y también lo da el mismo río a la tierra por donde pasa, que es la de Quiroga, tierra de buena labranza y ganado y fértil en toda cosa. Va a dar al Sil antes que llegue a do dicen Entrambasmestas. El otro río, que se llama Sildón, nace también en la misma sierra de Courel y viene por una ferrería que llaman de Sildón, y de allí sin pasar por pueblo que sea de cuenta va a dar al Sil un poco más alto de do entra el Quiroga.

---

191   Río Soldón. O Quiroga e o Soldón nacen moi cerca un do outro, e desembocan ambos no Sil nun intervalo de 5 km tras baixaren en paralelo ó longo dun curso duns 20 km.

Cuarta parte: De los ríos y pueblos

Un río no quiero pasar en olvido,
por quien con personas me viera en afrenta
si de él no hiciera más caso y más cuenta
que de otros mayores que arriba he traído.
Bien lejos resuena su dulce apellido,
este es el río que llaman el Avia,
que riega aquel puesto do está Ribadavia,
la madre del vino en quilate subido[192].

Este río que llaman Avia nace en la sierra de Suído, a cuatro o cinco leguas de la villa de Ribadavia, el cual tomando parte del Ribero de Avia va a aquella villa, a la cual hacen muy rica los vinos que en ella hay, y sin duda deben tener particular efecto las aguas de este río, pues por doquiera que riegan son de los mejores vinos del mundo en fama y en obra, los cuales se llevan a Roma y a toda Italia y a muchas otras partidas, do se estiman en mucho[193], mayormente que trasplantados y sacados de este reino se mejoran por allá en gran manera. De aquí va luego este río a poco trecho a dar al Miño, de quien ya tratamos.

---

192 É dicir, subido de quilates, coma o ouro de maior valor (cantos máis quilates ten unha aliaxe de ouro, ata un total de 24, máis puro é o seu contido dese metal).

193 En 1555 elabóranse as Ordenanzas de Ribadavia, documento precursor das Denominacións de Orixe, xa que naquel momento os viños do Ribeiro eran os máis exportados de España, e especialmente apreciados por ingleses e flamengos. Diversos autores dos séculos XVI e XVII (Milton, Cervantes, Quevedo, Lope de Vega...) cítanos nas súas obras e fanos aparecer en distintas partes de Italia e de Europa.

Cuarta parte: De los ríos y pueblos

Un río que nace de en medio de un lago
escribo también que es grande y caudal,
do afirman que brama un no visto animal,
mas de estas consejas yo cuenta no hago.
Este es el río que llaman Tamago,
que nace en la tierra de Lamas de Gua[194]
y luego la Ladra no lejos vendrá,
que a entrambos el Miño les causa su estrago.

Este río del Tamago nace de una laguna que llaman las Lamas de Gua. Tiene en torno más de una legua[195]. De este lago se cuentan dos cosas tan extrañas que si no las hubiese oído a personas de crédito y de mucha fe no me ocuparía mucho en escribirlas. La una es que en ciertos meses del año oyen dentro en el lago bramar un animal muy temerosamente, lo cual se oye gran trecho de allí, y queriendo muchos entrar y llegarse hacia do son aquellos bramidos los oyen en otra parte, de manera que jamás se ha visto lo que es, más de que suena al modo de una vaca. Esto es ya cosa tan notoria en toda aquella tierra que sin empacho se puede hablar. La otra es que, cuando este lago algunos años por gran falta de aguas se viene a secar parte de él, en aquello que queda como tremedales se hallan cosas de hierro labradas, y piedras cortadas y ladrillos y clavos y ollas y todas otras cosas de esta calidad que demuestran claro haber habido allí edificios y población, cosa es de admirar[196]. De aquí va este

---

194   Trátase do río Támoga, que nace na lagoa de Cospeito (Lamas de Goá). Goá (do árabe *wad*, 'río') é o nome que recibía o río que hoxe se chama Anllo ou Guisande, e tamén o dunha parroquia próxima.

195   No século XVI unha legua común equivalía a 5,5 km. Ese perímetro (ou máis ben unha cifra próxima á metade) era o que tiña a lagoa de Cospeito ata a década de 1960, en que se desecou en gran parte para darlle uso agrícola (pasou de case 74 hectáreas a unhas 17).

196   A lenda do labrego pobre que sacrifica unha xata para alimentar un mendigo e é recompensado con varias vacas e tamén a da antiga cidade asolagada de Beria, oculta baixo a lagoa de Lamas de Goá, foron recollidas por varios autores, como Carré Alvarellos (1977).

río a la puente de Rábade[197], do entra en el Miño. El otro río, que dicen Ladra, nace hacia tierra de Villalba y va a la puente de San Alberte y a la de arriba[198], y de allí va al Miño cerca de Otero de Rey. Y primero pasa por tierra de Gaioso, do está un lago pequeño que crece y descrece dos veces al día ordinariamente, como la mar, de la cual está ocho leguas[199].

---

197   No orixinal «rauage», debe ser erro do editor ou da impresión. Tamén se trabuca Molina, xa que por esta ponte pasa o Miño bastante despois de entrar nel o Támoga.

198   Estas dúas pontes cruzan en realidade o río Parga, que se une ó Ladra máis abaixo. A ponte de Santo Alberte é do século xiv, e a «de arriba», a de Pobra de Parga, do xv.

199   O mesmo fenómeno que tamén se atribúe ó río Lor.

Pongo con estos un río que veo
que es bueno y de todos un poco olvidado,
que de riberas no está despoblado
doquiera que lleva su curso y rodeo.
Este que digo llamamos el Eo,
que toma en Galicia muy poco lugar,
porque muy presto lo toma la mar
allá en una ría que está en Ribadeo.

Este es un buen río caudal[200], el cual nace en la sierra del Cebrero hacia tierra de Cervantes, y de allí va a tierra de Burón y Navia[201], que es muy fértil y de muchos mantenimientos y abundancia de frutas, y de aquí va a la puente de Abres, en la cual se dividen y demarcan el reino de Galicia con el principado de Asturias, y ansí va el río por la Vega de Ribadeo, que está la Vega hacia la parte de Asturias y Castripol, y a la parte de Galicia está la villa de Ribadeo, que de riberas del Eo tomó su nombre. Es pueblo vicioso[202] y de gentil arboleda, en especial de naranjos y de los de este linaje. Aquí en esta villa entra el Eo en la mar, do es el postrero puerto y pueblo de Galicia, como vimos arriba hablando de esta costa.

---

200   Caudal: 'caudaloso'.

201   Aquí trabúcase Molina, pois o Eo nace no concello de Baleira, na comarca da Fonsagrada, a case 50 km de Cervantes. Tampouco pasa pola Pobra de Burón nin por Navia de Suarna.

202   Co mesmo sentido ca o galego vizoso: 'abundante', 'provisto', 'deleitoso'.

Cuarta parte: De los ríos y pueblos

Agora en el cabo por suerte me cabe
decir de otro río del pie de una sierra
que en poco camino descubre gran tierra,
digo de buena que es bien que la alabe.
Este es el río que llaman el Cabe,
que ciñe a Monforte según que sabemos
y luego registra la tierra de Lemos
primero que el Sil lo beba y acabe.

Este río nace en las sierras de Oincio[203], del cual los antiguos autores hacen memoria, como ya dije arriba hablando del río Búbal, en que dijeron que ningún guerreador creía tener fuertes armas si no las tocaba primero en las aguas del río Bíbilis y del río Cálibe: y cuál sea el Cálibe. Justino, abreviador de Trogo Pompeo, siente ser este el Cabe[204], porque habla de Galicia, aunque algunos quieren decir que se entienda por ciertos ríos de Vizcaya, porque Cálibe quiere decir acero, y como este acero se saque en abundancia allí, que por esto hayamos de entender que sean los ríos de Vizcaya, mas por esta misma razón se ve que Justino entendía de este Cabe, pues pasa por muy buenas ferrerías, que son las de Oincio y luego por la de Fornelos y luego por la de Ferreirúa, mayormente que hablando como Trogo Pompeo hablaba de Galicia no había de faltar en Vizcaya. Luego pasadas estas herrerías y la puente de Ramoíño[205] va este río a la villa de Monforte, que es gentil pueblo de gente rica y lucida y de los más proveídos que hay en este reino, do se cría y labra mucha seda y buena. Tiene gran tierra y abundosa que llaman la tierra de Lemos, a la cual casi toda riega este río, y luego va a la puente de Cañaval[206], y de allí va a dar al Sil junto a la Barca de San Esteban.

---

203 Molina reinterpreta *O Incio* como *Oincio*.

204 Como se indicou no capítulo dedicado ó río Búbal, o Bírbilis citado por Pompeio Trogo e polo seu abreviador Xustino é o río Xalón, e o Cálibes, o Queiles. A raíz do hidrónimo *Cabe* é o latín *Caui* (Xustino, 2008).

205 Debe de tratarse do actual lugar de Remuín, en Monforte de Lemos.

206 A Ponte, entidade de poboación da parroquia de Canaval, no concello de Sober.

CUARTA PARTE: De los ríos y pueblos

Los que del reino son más naturales
hagan de todo mayor escritura,
pues toda Galicia se es agua y frescura
y montes de frutas sin ser industriales[207].
Había más ríos no tanto caudales
de quien yo hiciera la misma mención,
mas tiene la vida de aquel fimerón[208]
que luego los beben los más principales.

Si por extenso hubiera de poner todos ríos y arroyos caudales de este reino, fuera menester hacer la escritura de Pomponio Mela[209], pues por ninguna parte de Galicia podemos ir que no vamos por arroyos y fuentes y otras aguas continas, porque, en todas las montañas y lo que hay poblado de ellas en el mundo, esta se tiene por la más fértil y excelente de todas, ansí de edificios y pueblos como de mantenimientos, pues de sí propia cría por los montes tan buenos árboles de fruta como los que en otras partes ponen por industria. Críanse también ganados bravos porque, como hay puercos monteses y otros animales, ansí hay vacas bravas que para cazarlas es menester gran industria y lazos como para cualquiera otra caza. Ansí que, tornando a los ríos, no hallo yo otros más principales que los que he dicho ni los pondría, pues mi intento ha sido tocar de los pueblos por do pasan, de los cuales digo de los mayores, creo que faltan pocos, y también porque, si algunos quedan, viven tan poco que luego los recogen los más caudales.

---

207   Que non se plantaron a propósito.

208   Parrilla relaciónao cunha variante *fímero* de *efímero*. Tería sentido a sufixación de *ón* para mante-la rima.

209   É dicir, habería que facer unha obra tan extensa como os tres volumes da obra *De Chorographia*, onde Pomponio Mela describe todo o mundo coñecido no seu tempo.

Cuarta parte: De otras cosas del reino

Demás de los casos y cosas que pinto
notad de Galicia que en sí propia vive
pues de acarreto[210] da más que recibe,
decir de qué cosas es gran labirinto.
Y solo notemos con claro distinto
de un río que siendo en montaña formado
hay cuatro obispados y un arzobispado
y aun puedo con ellos decir otro quinto.

Aunque de este reino no se pusiese otra cosa sino las dos que aquí digo, bastaba para su estima. La una es lo mucho que se saca de todo género de provisiones: llévase a la contina pan a Castilla cada vez que allí hay necesidad, y muchos vinos por mar. Sácase también tan gran cantidad de ganados, ansí mayor como menor, que hay muchas carnicerías en Castilla que cumplen sus obligaciones y pesos con la carne de Galicia. Llévanse también muchos puercos en pie[211], y por mar se sacan tocinos en cantidad, y la misma de cueros. Salen también de este reino multitud de mulas y machos y cuartagos[212] y todo género de bestias que se llevan hasta toda la Andalucía. Llévanse cantidad de lienzos por la abundancia de lino que aquí hay, y también mucha caza de todas suertes. Llévanse gallinas vivas en cargas, de que muchas casas de señores se proveen en la corte hasta llenar acémilas cargadas de huevos, y tantas otras provisiones que sería largo escribir. Lo otro es que haya en Galicia cinco obispados con el de Astorga, que tiene lo más en este reino, demás del gran arzobispado de Santiago[213], que es de los señalados de la cristiandad.

---

210   De acarreto: aquilo que se trae doutra parte por terra.

211   *En pie*: 'vivos'.

212   Cuartagos: cabalos de pequena alzada.

213   Galicia comprende o arcebispado de Santiago, os bispados de Lugo, Mondoñedo, Ourense e Tui, e parte do de Astorga, ó que pertence a bisbarra de Valdeorras.

Cuarta parte: De las fortalezas

Las fortalezas queriendo contallas
no puede hacerse con facilidad,
hay muchas y fuertes y de antigüedad
y hubiera castillos de buenas murallas,
también otras torres con sus antiguallas,
mas muchos de aquestos en tiempos pasados
han sido por junta de gente asolados[214]
por más que civiles y viles batallas.

Hay en este reino muy fermosas fortalezas y de gentiles fuerzas y edificios, y hubiera muchas más si a manos no hubieran sido derribadas, y las que alcancé a saber que están en pie pondré aquí por su abecedario por quitar prioridad.

---

214   Refírese á revolta irmandiña, entre 1467 e 1469.

Cuarta parte: De las fortalezas

A
Allariz
Altamira
Andrade

B
Baiona
Barrera
Bollo
Burón

C
Coruña
Cira
Corcubión
Castro de Oro
Castro de Rey
Caldelas
Courel
Castroverde
Castromonte

F
Fornelos

G
Grobas
Grove

H
Chantada

L
Lugo
Lantaños
Lobera

M
Monterrei
Milmanda
Monforte
Mesía

Mens
Moeche

N
Novaes
Navia
Narío

P
Puentes de Ume
Pambre
Portela en Limia
Poroja
Parga
Peñaflor

R
Ribadavia
Ribadeo
Rodero

S
Sarria
Salvatierra
Sotomayor
Sobroso
Santa Marta[215]
Sande

T
Torres
Tebra

V
Villanueva de los Infantes
Villalba
Valdiorres
Viana

Otras muchas casas y torres fuertes había que dejo de poner por seguir mi brevedad, puesto que seré reprehendido de los dueños por no hacer mención de ellas, pero, por no ser tan culpado, quiero todavía confesar que queda por olvido.

---

215   Santa Marta correspóndese con Ortigueira; Narío, probablemente con Naraío (San Sadurniño), e Poroja, coa Peroxa.

Que como no puede reinar amicicia
en grandes ni chicos si falta el mayor
fueron prostrados del mundo y furor
de una mujer que mandaba a Galicia,
que tres la rigieron según hay noticia.
La Loba fue una en su gentilidad,
fue la segunda la gran Hermandad,
agora la nuestra se llama Justicia.

Puede haber setenta años que en este reino se levantó la gran Hermandad de todo el común, no consintiendo ser mandados ni regidos por otro sino por sí mismo, y para mejor efectuar esto se juntaron a derribar las más fortalezas que pudieron. Aunque algunas están ya en pie, las que me puedo acordar son estas: Pico Sacro; Borrajeros[216], hacia Mellid; Castro Ramiro, cerca de Orense; Sandiañes[217], par de Allariz; la Frousera, donde prendieron al mariscal Pero Pardo[218]; Baamonde, entre Betanzos y Lugo; Monforte; el Castro de Caldelas; Sarria; la Mota, a dos leguas de Lugo; el castillo de Bizme[219], en el mismo obispado; Tamago[220], que es cerca de Villalba; el castillo de Mellid; la torre de Arcos, que es junto a Chantada; la fortaleza de Amarante, hacia Monterroso; Saavedra; Villajuán; el castillo de Santa Cruz, hacia Milmanda; Celme, en tierra de Limia; el castillo de Cobadoso, junto a Ribadavia. Otros habrá de que yo no tengo memoria, y de estos algunos están mejor reedificados que de antes y parte de ellos a costa de los hermandinos.

---

216   Borraxeiros, Agolada.

217   Probablemente Sandiás, na comarca da Limia.

218   O prendemento de Pardo de Cela non ocorreu na Frouseira, fortaleza daquela xa tomada polas tropas dos Reis Católicos mercé á traizón dos criados do mariscal, senón na casa de Afonso Eanes, no Castro de Ouro, hoxe municipio de Alfoz (Meilán García 2019: p. 8).

219   Así no orixinal, non se coñece na actualidade ningún lugar con este nome.

220   Refírese á torre de Caldaloba, actualmente na parroquia de Pino (Cospeito), que limita coa de Támoga, do mesmo concello.

Cuarta parte: De los monasterios

Los monasterios no queden precitos[221],
pues hay multitud de tanta riqueza
que en justos tres reinos podrá ser grandeza.
De todas las órdenes hay infinitos
según que sabemos: bernardos, benitos,
con cuentos[222] de renta, con muchos vasallos,
con tantos prioratos que a duro contallos
podemos, si algunos no damos escritos.

Una de las grandezas de este reino es la multitud de ricos monasterios
que en él hay de todas las órdenes y con tan buenas dotaciones que algunos suben de dos cuentos de renta y otros podrían cumplidamente
mantener otras casas. Son las de benitos el de San Martín de Santiago[223], el de Celanova, el de San Esteban Ribas de Sil, el de Samos, el
de Monforte, el de Pombeiro[224], el de Pambre (y digo de este priorato
porque hay allí una de las hidrias de las bodas del architriclino[225]), el
de Val de Lorenzana[226]. Son los bernardos el de Osera, San Croio[227],
el de Sobrado, el de Meira, el de Melón, Montederrama, Armentera, el
de Oia, San Juan del Poio, San Facundo de Ribas de Miño, Junquera de
Espadañedo; y todos estos en los benitos con tan excelentes prioratos y

---

221   Precitos: 'condenados ás penas do inferno'.

222   Cuentos: 'millóns'.

223   San Martiño Pinario.

224   San Vicenzo de Pombeiro, no concello de Pantón.

225   Refírese ás vodas de Caná. Segundo o Evanxeo de san Xoán (Xoán 2,1-11), cando no
curso do banquete nupcial se esgotou o viño, a pedido da súa nai Xesús converteu en viño a
auga que contiñan seis hidrias ou tallas que alí se achaban. Presentado o resultado ó mestresala
(en castelán, *architriclino*), este dirixiuse ó anfitrión indicando que o máis habitual era ofrecer ós
convidados o viño máis gorentoso ó inicio de banquete e deixa-lo de peor calidade para cando os
comensais xa beberan abondo, ó contrario do que sucedera naquel convite. Molina sitúa unha
desas hidrias no priorado de Pambre, mais é erro por Cambre, priorado bieito onde segundo
Ambrosio de Morales si se custodiaba unha daquelas seis hidrias.

226   San Salvador de Lourenzá.

227   San Clodio de Leiro.

anejos que podrían en otras partes ser casas principales. Hay también muchos de las tres Órdenes de San Francisco, que pasan de treinta, y dominicos, que por quitar prolijidad no digo los unos y los otros, que más hay de la Merced y otras devotas órdenes.

Cuarta parte: De los mineros y otras cosas

Hay minas de muchos y buenos metales,
hay mármoles finos sin ir a Venecia,
turquesas y piedras que alguna se precia,
hay yerbas extrañas muy medicinales,
hay género y suertes de mil animales,
no digo groseros, mas muy delicados,
de martas con otros aforros preciados,
también almizqueras[228] y lobos cervales[229].

Notorio fue la multitud y excelencia de los mineros que en este reino hubo de oro y de plata, según lo cuentan cuantos autores de Galicia escriben, y aún casi en todos los ríos que en ella hay se halla agora, y la principal causa por donde los suevos vinieron a poblar cierta parte de Galicia fue por estos mineros, de los cuales algunos digo. De otros metales tenemos agora, como ya dijimos, del estaño. Hállanse aquí mármoles excelentes, blancos y jaspinos, cerca de Monforte, en la tierra de Oincio, y hállanse también turquesas bien finas en tierra de Valdiorres. Hay mucho y buen bermellón en las riberas del Sil. Hay en este reino todo género de animales de toda montería, y hay también tan finas martas y en tan buena cantidad que se hace caudal de ellas en Castilla y en otras partes, y son algunas de ellas tan finas y pobladas que no se diferencian de las cebellinas[230]. Hay ansí mismo lobos cervales de tan hermosas pintas que do quiera se estiman en mucho, y otros buenos aforros[231].

---

228 Auganeiras (*Galemys pyrenaicus*, mamífero soricomorfo da familia dos tálpidos, de hábitos acuáticos, semellante a unha toupa ou a un rato).

229 Nome que se lle daba ó lince ibérico.

230 As martas cibelinas, propias do norte de Europa, son de menor tamaño e cunha pelaxe máis prezada cá das martas comúns.

231 Animais dos que sacar peles.

Cuarta parte: De los mineros

También herrerías, que es loa en Vizcaya,
aquí las tenemos y muchas de sobra,
y ansí con el hierro doy fin a mi obra
porque más yerro ni culpa no haya,
y aunque de corta se culpe y retraya,
más quiero perderla por carta de menos
y dar algún cinco en juegos muy buenos
que no me digan que paso la raya.[232]

Fin.

Paréceme, muy ilustre señor, que de razón otro debiera primero haber tomado la mano en escribir esto y no quien le falta de ocupación en su oficio y naturaleza en la tierra y aun liberalidad en la pluma, que son las tres escusas mayores que yo tengo para la reprehensión de V. S., que a otra no temo. Puesto que aquesto no me relieva de culpa en tomar oficio ajeno, el cual quise yo hacer propio pareciéndome que tocaba en algo al servicio de V. S., pues no es cosa exorbitante, sino muy aneja saber uno los aposentos, entradas y salidas de la casa que mora y rige, y aun de los regidos, fuera cosa decente escribir, digo de los solares y casas antiguas de este reino, de que hay muchas en Castilla señaladas que proceden de aquí, en lo cual si me ayudare el tiempo y la memoria haré lo mismo que en lo pasado.

---

232   Contra o que cabe agardar, a glosa en prosa posterior a esta oitava non explica nin amplía o seu contido, como ocorre coas anteriores, senón que indica a motivación da quinta parte da obra, que comeza a continuación. Por iso inmediatamente despois da estrofa se engade a palabra "fin".

[Quinta parte]: De los linajes y casas nobles

Comienza la quinta parte de los linajes que hay en Galicia y solares y
casas conocidas de que proceden muchas en Castilla.

Como en las bodas del architriclino,
aquellos que fueron allí convidados,
no siendo del grande milagro alumbrados
culpaban que al fin se daba el buen vino,
ansí me acaece, mas guardo contino
a los remates el triunfo mejor
pues vemos que en mesas de mucho primor
allá por los cabos se da lo más dino.

Y ansí como cosas las más singulares
escribo en el fin los muchos linajes
que el tiempo ya usa de olvido y ultrajes,
mudando sus nombres, su letra y lugares,
y aun vueltos algunos tan chicos casares
que sus fundamentos van ya muy precitos
si con diligencia no quedan escritos
alzando del suelo su suelo y solares.

Con esto pesemos en esta balanza
sus sucesores, pues es natural
saber de qué fuente es un río caudal
cuando lo vemos con mucha pujanza,
memoria debida les es y alabanza
y a nos mucha culpa, pues cuesta barato
poner con la pluma en un breve rato
lo que ellos ganaron por punta de lanza.

Benavarra[234]

El estandarte, guion y señal
en campo de reyes parece primero,
por eso es el vuestro aquí delantero
también pues del reino se es ya natural.
Dirán su blasón ansí en general
sus armas reales y aquella corona,
pues solo por ella se muestra y blasona
venir esta casa de sangre real.

---

233   Casa, descendencia, liñaxe nobre.

234   Don Pedro de Navarra, a quen Molina lle dedica o libro nas súas liñas iniciais. Aquí arabízalle o nome, quizais con valor simbólico, de modo que pasa a significar 'fillo de Navarra'.

QUINTA PARTE: De los solares

De tiempos antiguos, muy antes de Troya[235],
o en otros futuros, pues muchos vendrán,
aquestas insignias muy buenas serán,
pues faltan testigos y gente que lo oya,
mas ora vuestra ancla nos muestra la boya
y ansí vuestras armas muy rasas y lisas
sin otra figura, señal ni divisas
pueden en blanco caberles la joya.

Pareciome, muy ilustre señor, que ya que me puse a discernir las cosas de este reino, que mi obra quedaba muy coja y falta si no hacía mención de los conocidos solares y castas de Galicia, de las cuales hay en Castilla muchas casas de señores y otras principales que de aquí tienen su fundamento, y por esto escribo los más suelos y verdaderos apellidos que me pude acordar, y con ellos puse en el fin las casas de los ilustres que en este reino no tienen principio y nación, ansí por ver la antigüedad de este reino como por notar la nobleza de él, porque muchas veces vemos que por falta de quien quiera tomar trabajo, o de quien sepa tomarlo, se pasa en olvido lo que puede con razón estar en memoria de todos. Y ansí quise yo ganar honra con los naturales, en escribir lo que ellos olvidan, puesto que más convenía esto a un extranjero, el cual debería ser de mejor juicio, porque no se echasen otros sobre él.

---

235 Hipérbole para xustificar a maior distancia e pureza da orixe das casas nobiliarias.

Quinta parte: De los Ribadeneiras[236]

Comienzo de aqueste mi vía y jornada
por ser su blasón de cruz y veneras,
que pareciendo en el campo de veras
fue luego la muerte de tres atajada.
Por esto veréis a la cruz abrazada
aquella doncella que fue noble virgen
por quien la memoria, la fama y origen
de Ribadeneiras nos fue demostrada.

Los Ribadeneiras proceden de un infante gallego que dicen que fue hermano de la reina Loba, el cual, teniendo presos a dos discípulos del Apóstol que andaban predicando la fe de Jesucristo, porque este infante era gentil, y una doncella apiadándose de los presos los visitaba siempre, y una vez los vio en la prisión estar con una divina claridad, por lo cual se convirtió luego y se fue para el infante, que era ciego, y le dijo que si quería haber luz en sus ojos, que se fuese a la prisión do estaban aquellos benditos hombres y luego vería, y el infante airado de aquello la sacó a martirizar con los discípulos. Y estando en el campo del martirio, les apareció en el aire una cruz colorada con cinco veneras, por lo cual se convirtió luego el infante, y se casó con esta doncella, de los cuales vienen los Ribadeneiras, lo cual fue a las riberas de un río, Neira, y de aquí toman el nombre de Ribadeneiras y traen por armas aquella cruz con sus cinco veneras y una doncella[237].

---

236   A casa de Ribadeneira aparece por primeira vez e de xeito fidedigno en documentación do século XIV. Hai abondosa documentación sobre os negocios que tiñan arredor da Igrexa de Lugo. Gonzalo Sánchez e Sancho Sánchez de Ribadeneira, fillos de Sancho Fernández de Ribadeneira e de Elvira Aras, teñen as súas propiedades nas terras de Paradela e Ribadeneira, que venderían no ano 1353. Na segunda metade do século XIV a súa influencia localizarase máis pola zona de Sarria. No século XV a influencia da casa chega a terras mindonienses, xunto a casas coma a de Pardo de Cela ou a do conde de Lemos.

237   Esta lenda sobre a orixe do apelido Ribadeneira está moi difundida, pero parece máis lóxico relacionalo coa parroquia de Santalla de Riba de Neira, no concello de Baralla. O escudo ten nun campo de ouro unha cruz flordelisada de goles cargada de cinco cunchas de vieira de prata.

Quinta parte: De los Valcáceres[238]

Hacia la entrada del reino gallego,
viniendo el rey moro con grande cuadrilla
a sojuzgarlo también con Castilla,
con su morisma la vuelta da luego,
pues con estacas, sin armas ni fuego,
defiende Valcácer también su partido,
que de esta su tierra les vino apellido
a los Valcáceres, bien solariegos.

Cuanto España fue señoreada de moros, dende a pocos días no quedándole al rey moro más por tomar de las montañas, envió a estas de Galicia un capitán rey moro con gran multitud de moros, y llegando al Cebrero, que es a la entrada de este reino junto al Valcácer, los que allí se hallaron se pusieron tan animosamente a defender aquel paso que los moros, por la gran aspereza de la tierra, no pudieron pasar más adelante. Y las armas que de la parte de los gallegos había eran unas estacas de palo, porque entonces aún duraba en todas partes de España aquella falta de armas que dio causa a su perdición, y ansí con estas estacas los de aquella entrada y tierra de Valcácer se resistieron y dieron causa a que los moros se tornaron luego, y por esto los que en aquel buen hecho se hallaron les quedó el apellido y alcuña de Valcácer, y traen por armas y blasón aquellas estacas con que acabaron su hecho.

---

238   A primeira vez que aparece documentado o apelido é no século xv. A súa orixe é toponímica, e corresponde a un *valle carceris* ('val encaixado') que xa se documenta na Idade Media. O escudo ten tres estacas de ouro en campo de goles.

Veréis una casa no mucho real,
la cual, regulando su hecho y valer,
parece de Amiclas[239] agora en su ser
de dos que dejaron su fama inmortal,
pues cada cual de ellos nos fue un Anibal
librando a Castilla de aquella miseria,
de donde proviene la casa de Feria,
tomando en Galicia lo más principal.

El nacimiento de los de este linaje traté arriba en este mismo tratado hablando de las cosas notables de este reino, que de aquel famoso hecho que dos hidalgos animosos de este reino se dispusieron a hacer, cuando libraron a las doncellas que los moros llevaban para cumplir las parias que el rey Mauregato puso sobre los cristianos de dar al rey moro cien doncellas cada año, como a todo el mundo es notorio, en que llevando de Galicia cierta parte de aquellas doncellas para aquella paga de las ciento, se las quitaron aquellos dos gallegos a los que las llevaban, allí a donde llaman agora el Peto Burdelo por aquel hecho deshonesto que allí se quitó, lo cual fue cerca de unas higueras, y por eso traen cinco hojas de higueras por armas. Y llamáronse Figueroas, cuyo solar y casa está entre la ciudad de La Coruña y la de Betanzos, y de estos es la casa del duque de Feria en Castilla, y otras.[240]

---

239   Antiga cidade de Laconia, Grecia, fundada por un rei do mesmo nome.

240   A orixe real está no topónimo *Figueroa* (parroquia do concello de Abegondo), que procede do latín *ficariola* ('figueiriña'). As súas armas traen cinco follas de figueira de sinople en campo de ouro.

Quinta parte: De los Maldonados

Del reino salieron su rastro y pisadas,
aunque en Castilla son ya trasplantados,
quien fueron no mal, mas muy bien donados,
siguiendo hasta Francia sañudas jornadas
do florecieron sus armas ganadas
sacando a batalla su honra de empeño,
y ansí cinco flores le da luego el dueño,
bien prometidas, mas mal entregadas.

Los Maldonados son los que en Galicia agora llaman Aldaos. Esta casta, aunque en Castilla tiene su asiento, fue notorio que procedieron de Galicia, porque un hidalgo natural de este reino recibió cierta afrenta de un caballero francés que vino a Santiago en romería, y, no pudiendo vengarse de él en Galicia, se fue en su seguimiento hasta Francia, donde pidiendo al rey de Francia le diese campo contra aquel caballero le fue concedido, en el cual el gallego se hubo tan bien que cortó la cabeza al francés y, pagándole el rey del esfuerzo del vencedor, le dijo que pidiese en su tierra lo que le pluguiese, y no le pidió más de cinco flores de lis de sus armas, y al rey, pesándole de esto, se las hubo de dar, diciendo «maldonadas te sean». Y de aquí se nombraron Maldonados, aunque otros quieren decir de aquel baldón, o injuria, que recibió se llamaron Baldonados y después se corrompió o trocó la b en m. Este gallego se llamaba primero Chirinos, de los cuales ya en Castilla han quedado muy pocos, puesto que en Málaga hay algunos.[241]

----

241   Aínda que a explicación que se ofrece está moi difundida, é lendaria. A orixe do apelido Aldao áchase na casa de San Cibrao de Aldán (Cangas do Morrazo), ata que Nuno Pérez de Aldao o cambiou por Maldonado. O escudo ten cinco flores de lis de ouro, colocadas en aspa en campo de goles.

Quinta parte: De los de Saavedras y Sotomayores

Veremos dos casas que están hermanadas,
que son Saavedra con Sotomayor,
que el uno al infante del reino, el menor
por grande desastre dio fin a sus hadas,
mas luego sus culpas le son perdonadas
por hecho animoso y en partes astuto,
por donde sus bandas se tornan en luto,
quedando al hermano las otras doradas.

Estos dos linajes vienen en Galicia de dos hermanos, los cuales vivían
con un rey de este reino. Al uno de estos le acaeció una gran desgracia,
que estando un día en una huerta holgando en cosas de placer con un
infante hijo de su rey, atravesó este infante por donde uno de estos dos
hermanos estaba tirando y, acertándole, le mató luego allí a su infante,
de lo cual sintiendo más la muerte el vivo se va para el rey, y tomando de
la punta una espada se hinca de rodillas ante el rey, y poniéndosela en la
mano le dijo el gran desastre que le era acaecido sin tener en ello intención, y que pues él era el matador que le suplicaba que con aquella espada le cortase la cabeza, pues había muerto a su señor. El rey, tomando
aquel hecho como sabio, y estando satisfecho que en aquel caballero no
había de haber ánimo ni intención para matar al infante, lo perdonó, y
ansí de ahí adelante se llamó Sotomayor, por aquel soto do esto acaeció,
llamándose Saavedra como el otro hermano. Traían estos dos hermanos
por armas ciertas bandas doradas, y agora los que vienen de aquel soto
mayor las traen negras por aquel caso de desdicha.[242]

---

242   O apelido Saavedra vincúlase coa parroquia de Saavedra (concello de Begonte). Trae por
armas en campo de prata tres faixas axadrezadas de goles e ouro e cargadas de cadanseu cingui-
deiro de ouro. A liñaxe Soutomaior inaugurouna Paio Méndez Sorrez de Soutomaior, asistente
de Afonso VIII na batalla de Las Navas de Tolosa (1212). As armas só se diferencian das de
Saavedra en que os cinguideiros son de sable.

Quinta parte: De los Andrades[243]

La casa de Andrade también os la digo
porque su hecho también se publique,
que un muy privado del rey don Enrique
contra don Pedro su hermano y abrigo,
en una batalla le fue tal amigo
que viéndole estar caído le quiso
dar tal ayuda, socorro y aviso
que dando la vuelta mató su enemigo.

Este linaje de los Andrades[244] es de los honrados de este reino, y entre ellos hubo aquel buen caballero que llamaron Fernán Pérez de Andrade, el Bueno, el cual, siendo muy privado del rey don Enrique el Bastardo, en una batalla y desafío que persona por persona hubo este rey don Enrique con el rey don Pedro, su hermano, estando caído en tierra el don Enrique y don Pedro sobre él ya para le matar, se halló allí este Fernán Pérez, el cual diciendo: «yo no quito rey ni pongo rey, mas ayudo a mi señor», tomó del brazo al rey don Enrique, el cual dando la vuelta sobre su enemigo y hermano el rey don Pedro, le mató. Y por este tan buen hecho le dio el rey don Enrique las villas de las Puentes de Ume y Ferrol y otras muchas tierras de este reino. Este fue abuelo del conde don Fernando de Andrade, valeroso y excelente capitán. Hay en este reino muchos y buenos caballeros de esta alcuña. Traen por armas un escudo verde con una banda de oro.

---

243   Apelido de orixe toponímica vinculado a San Martiño de Andrade (Pontedeume), bastante frecuente en Galicia e xa documentado no século XIII. As armas traen, en campo de sinople, unha banda de ouro. Os primeiros Andrade dos que se ten coñecemento foron vasalos da casa de Traba. Comezaron a adquirir grande influencia a raíz do apoio que dispensaron a Henrique de Trastámara. A área de influencia foi a de Ferrol, Vilalba e Pontedeume.

244   É xusto lembrar que o manuscrito da *Crónica troiana* procede da casa dos Andrade. En 1373, Fernán Martís, capelán de Fernán Pérez de Andrade, foi o encargado de face-la versión galega a partir do texto de Benôit de Sainte-Maure, *Roman de Troie*.

Quinta parte: De los Baamondes[245] y Viveros

Solar que de antiguo ya pierde sazón
es de Baamonde con sus siete peces,
que no son de mar ni cosas soeces
mas moros bien bravos se muestra que son.
Sacó la mujer inglesa[246] en nación
según lo demuestran sus armas y escudo
por donde la letra que es m le pudo
dar la corona de aquel su blasón[247].

El solar de los Baamondes está hacia Lugo[248], es de gran antigüedad. Un caballero de este linaje siguió mucho la casa del rey Ramiro de León, el cual un día recibiendo unos peces que le traían dijo a manera de donaire a los caballeros que allí se hallaron que cuantos peces cada uno de allí quisiese comer o tomar que tantos moros había de matar, y ansí cada uno tomó su pece, y algunos a dos y a tres, y este caballero llegó con ambas manos y abrazó los que pudo, en que aunque se le cayeron algunos, quedó con siete, y, venido el día de aquella victoriosa batalla, todos los caballeros pelearon tan animosamente que desempeñaron la palabra de sus peces, en que este caballero dio al rey sus siete cabezas. Y

---

245   Apelido de orixe toponímica que remite ó nome de lugar Baamonde. Segundo uns investigadores a estirpe descende do conde de Lugo e segundo outros, do conde Rodrigo de Romaes, señor de Monterroso. Levan como armas, en campo de azul, unha letra M de ouro, coroada de ouro e bordo de goles con sete peixes de prata. Unha variante trae, en campo de ouro, tres matas de ortigas de sinople, postas en faixa e colocadas sobre ondas de auga de azul e prata, nas que flotan uns peixes. As ortigas, as rochas e as ondas representan o cabo Ortegal, detalles que aparecen tamén nos brasóns dos Ortigueira, Fajardo, Viveiro e outros.

246   Román Bermuiz, pai de Rodrigo de Romaes, casou coa infanta de Inglaterra Milla ou Mencía.

247   Da fortuna que acadou o texto de Molina é boa mostra que esta oitava figure gravada en lousa baixo o brasón dos Baamonde existente no portalón de entrada ó pazo de San Isidro, no Couto do Outeiro, en Mondoñedo.

248   A liñaxe ten efectivamente orixe no val de Quiroga. O escudo exhibe uns lagartos verdes (entre dous e seis, segundo as versións) sobre un fondo vermello ou amarelo.

por esto los Baamondes y Viveros[249], que proceden de ellos, traen por armas aquellos siete peces. Y, vencida aquella batalla, el rey envió a este caballero con cierta embajada a Inglaterra, donde el rey lo casó con una hermana suya que llamaban doña Milia, por lo cual traen también por armas una m coronada, aunque tienen por más cierto que la sacó de casa del rey. Estos de Baamonde casaron con los de Vivero, y a un caballero de estos de Vivero[250], siendo muy privados del rey don Juan[251], le dio la villa de Vivero. Y de esta casa viene en Galicia Vasco Pérez de Vivero, bisabuelo del allinde[252] que agora es de La Coruña. Suceden también en Galicia otros nobles linajes, y en Castilla el conde de Osorno y el marqués de los Vélez, porque los Fajardos, como dije arriba, vienen de Galicia, de aquel caballero de Santa Marta, y por esto los de Baamonde y los Fajardos traen las mismas armas en parte, que son aquellas ortigas sobre rocas en una mar.

---

249   Foron señores de Viveiro dende 1447 e quedaron desposuídos de tal honra no ano 1465. En compensación concedéronlle-las terras do señorío de Galdo.

250   Capitán dos Reis Católicos e irmán do bispo Gonzalo de Viveiro.

251   Refírese ó rei Xoán I de Castela, fillo de Henrique II de Castela. É durante o seu reinado cando atopámo-la primeira referencia a un membro da liñaxe dos Viveiro: Alonso Pérez de Viveiro.

252   «allynde» no documento impreso, «alinde» no manuscrito. Parrilla dá *alcaide*. As fontes non apoian a lectura de Parrilla, pero queda claro polo contexto que o significado é semellante.

Quinta parte: De los Pardos y Celas, Parragueses, Mariñas

Los Parragueses hidalgos notados
son de este reino, pues puedo decillo
también una banda en un campo amarillo
nos muestran los Pardos ser mucho nombrados,
cuasi con estos están hermanados
los Celas, que tienen solar conocido.
Los de Mariñas, antiguo apellido,
son de Galicia no poco estimados.

Los Parragueses son muy conocidos hidalgos en este reino. Traen por armas cuatro bandas coloradas en campo blanco. Son casi del solar de Pargas.

Y también de los Pardos hay muchos en este reino, es noble casta. Tienen por armas una águila negra en campo colorado, coronada.

Los Celas son ansí mismo gentiles hidalgos. Tienen su solar cerca de la ciudad de Betanzos. Traen por armas unos jaqueles de oro y otros veros azules, todo el escudo de la misma manera.

Los de las Mariñas es casta de gran antigüedad y linaje de mucha estima, traen por armas tres bandas, una estrella en campo blanco. Vienen de los suevos, que es de la mayor antigüedad que hay en este reino. Es su solar en tierra de las Mariñas.

Quinta parte: De los Losadas

Aquellas montañas que fueron pobladas
de muchos lagartos bien grandes y fieros
que embajo de losas hacían mineros
matando las gentes ansí descuidadas,
fueron por buenos varones libradas
quitando raíces ansí ponzoñosas,
losando sus armas y suelo de losas,
que son los que agora llamamos Losadas.

En este reino do dicen tierra de Quiroga había una montaña muy fértil, la cual dejaba de poblarse a causa que se criaban en él muy fieros lagartos, y estos hacían sus manidas debajo de unas losas, y de ellas salían a matar la gente que por los caminos iba, y ansí era inhabitable, hasta que unos mancebos animosos gallegos de buena casta se dispusieron a andar toda aquella montaña y matar a cuantos lagartos pudiesen. Y haciéndolo ansí, en poco tiempo desarraigaron tan mala simiente, y luego aquella tierra se pobló, que es agora de las mejores de este reino, y por esto traen por armas unas losas con unos lagartos que asoman por debajo, y de estas losas tomaron el nombre los Losadas, que es buena casta, y hay de ellos muchos en Castilla que son de estos mismos.[253]

---

253 A liñaxe ten efectivamente orixe do val de Quiroga. O escudo exhibe uns lagartos verdes (entre dous e seis, segundo as versións) sobre un fondo vermello ou amarelo.

Quinta parte: De los Mariños y Loberas y Villamarines

Aquí los Mariños tomaron riberas
cuyo solar en Galicia se sella,
también la cabeza del lobo y estrella
denotan lo antiguo de aquellos Loberas
y Villamarines con casas enteras.
Uno de aquestos pasó las razones
con Garci Pérez por ciertos blasones
con quien quedarían las ondas más veras.

Los Mariños quieren algunos decir que viene de una mujer criada en las aguas de la mar, que era de hermoso rostro, y que un hidalgo de este reino la hubo en su poder hasta que quitadas las escamas, que como pece traía, hubo de ella generación, lo cual es un simple cuento, porque la verdad es que vienen de un extranjero que vino por la mar y se casó en este reino con una noble mujer, de los cuales vienen estos Mariños, y llámanse ansí por haber venido por la mar. Traen por armas unas ondas azules.

Los Loberas es antiguo linaje. Dícese que vienen de la reina Loba, y ansí lo muestran en sus armas, que traen una cabeza de lobo y una estrella en campo verde.

Los Villamarines son honrados hidalgos en este reino. Tienen su solar y casa conocida. Traen por armas unas ondas de la mar. Uno de estos Villamarines fue el que pasó aquellas razones con don García Pérez de Vargas que traía las mismas ondas por armas sobre quien las debería traer con más razón, según se cuenta en la corónica del rey don Fernando, el Magno, que ganó a Sevilla.

Quinta parte: Quirogas y Soneiras

Aquel campo verde de estacas sembrado
aquí en este reino será bien sabido
que son los Quirogas, solar conocido,
de quien un prior fue bien señalado.
Y aquellos Soneiras, linaje olvidado,
cuya nación de Galicia se toma,
aqueste libró el Capitolio de Roma
por ánsares siendo del sueño acordado.

Los Quirogas son de los buenos hidalgos de este reino, de los cuales hubo un prior de San Juan que se llamó don Gonzalo de Quiroga. Traen por armas cinco estacas blancas en campo verde.

Los Soneiras es un notable y antiguo linaje. Procedieron de un caballero que se decía Marcos Malines, el cual una noche, teniendo los franceses tomado el Capitolio de Roma, lo defendió por su persona tan bien que los echó fuera del Capitolio, y quedó Roma por entonces libre de aquel aprieto, y de allí le llamaron Marcos Capitolino. Este se vino a poblar a Galicia, que son los que agora llaman Soneiras. Traen por armas un escudo partido, y en él tres ansarones, porque al graznar de estos despertó este caballero a la defensa del Capitolio.

Quinta parte: De los Mexías y de los Raimóndez y de los Condes

Hay otro suelo mudado ya asiento
que fue de Galicia el solar de Mexías,
aqueste se entiende por muy luengas vías
de casas y estados de estima y de cuento.
Hay otras alcuñas de merecimiento
que aquí en este reino se llaman los Condes,
también los del drago, que son los Raimóndez,
notorios hidalgos de casta y cimiento.

El fundamento de los Mexías es en este reino, aunque en Castilla están las principales casas de ellos. Fue su principio de un caballero que se decía García Díaz de Mexía, que casó con una sobrina del arzobispo don Lope de Mendoza, y por muerte de estos la casa de Mexía que le fue dada se tornó a dar y vino a poder de otros, de manera que ni quedó con los Mexías ni con los Mendozas. De este linaje hubo un caballero de estima gallego, que fue el maestre de Santiago don Gonzalo Mexía, en tiempo del rey don Enrique, el Noble. Traían por armas un escudo amarillo con tres barras azules.

Hay otra alcuña en este reino que es de buenos hidalgos que se dicen los Condes y tienen armas y solar conocido.

Los Raimóndez son ansí mismo hidalgos notorios en este reino. Traen por armas un drago.

Quinta parte: De los Balboas

Aquella pelea de mucha mención
entre el león y la sierpe reñida,
que fue por un fuerte varón despartida
por quien de muy grato se ahoga el león
dio causa de aqueste sabido blasón
de caso esforzado por cierto y de loa,
de donde procede el solar de Balboa
que en cabo del reino veréis su nación.

Ejemplo de gran gratitud nos dio el hecho de aquel león que sucedió
a este caballero de este solar, el cual yendo un día por una montaña de
este reino vio una gran pelea que traían una sierpe y un león, al cual la
sierpe traía a mal parar, y el caballero con esfuerzo que tuvo se fue para
la sierpe y la mató, y sintiendo el león tan buen socorro le fue muy hu-
milde para el caballero, el cual lo llevó en su compañía hasta Francia,
donde, dándolo al rey, el león dende a pocos días se tornó en busca de
su señor y se entró por la mar por el mismo lugar por do había venido,
hasta que se ahogó donde llaman agora el Golfo del León, en el Me-
diterráneo, y ansí traen por armas estos de Balboa un león ahogado en
unas ondas. Algunos quieren decir que en la casa de Medina acaeció
eso a un caballero, pero pudo ser que fuese de este reino y ansí será
todo uno. Está su solar a la entrada del reino hacia el Valcácer.[254]

---

254 A orixe do nome do golfo do León non está clara nin sequera hoxe, aínda que seguramente non será esta fantasiosa historia. As armas dos Balboa son, en campo de goles, un león de ouro
cunha espada de prata na man e un dragón ós seus pés, ou, en campo de prata, un león púrpura
afogando nun mar de azur e prata.

Quinta parte: De los Lanzós y Taboadas y Seijos y Nóvoas y Enríquez

Bien se demuestran quién son los Lanzós
mirando sus lanzas pegadas al roble.
Hay otro linaje de casta bien noble
que son los Taboadas; también los Seijos.
Con estos se juntan también otros dos,
que llaman los Nóvoas y Enríquez con ellos,
buenos hidalgos, que todos aquellos
salen y suenan debajo una voz.

Los Lanzós son en Galicia muy principales hidalgos y personas señaladas. Traen por armas cinco lanzas arrimadas a un roble en campo azul.

Taboadas son ansí mismo conocidos por buenos hidalgos, y hay muchos en el reino. Traen por armas unas mesas y calderas en la orladura.

Los Seijos son también de buena casta. Dícese que fueron parientes de san Rosende, que está en el monasterio de Celanova, y ansí están con él enterrados muchos como parece en sus sepulturas, que traen por armas unos seijos y una espada.

Los Nóvoas es gentil casta. Pretenden que vienen de una infanta de este reino. Traen por armas una torre con una águila.

Los Enríquez son buenos hidalgos en Galicia, aunque yo no alcanzo ser todos unos estos y los de Castilla. Andan todos estos linajes casi mezclados en este reino que son Seijos y Nóvoas y Enríquez.

Quinta parte: De los de Ponte, Freixomiles, Pugas, Freires, Galos

También los de Ponte en Galicia es solar,
de quien en Castilla veremos algunos,
pues estos y aquellos se dicen ser unos
como en sus armas se puede probar.
También Freixomiles podemos nombrar
y Pugas y Freires hidalgos no malos.
También a Galicia poblaron los Galos,
que toma de lejos su nombre y lugar.

Estos de Ponte son en este reino muy buenos hidalgos y de ellos hay muchos en Castilla, que proceden de estos porque todos traen por armas una puente y encima una cabeza de lobo. Tienen su solar cerca de la ciudad de La Coruña.

Los Freixomiles son también otros notorios hidalgos que tienen también su solar par de aquella ciudad. Traen por armas unas bandas con un pino encima.

Los Pugas es buena casta en este reino. Traen por armas unos calderos y unas espuelas que son las ciertas, aunque después las han acrecentado por haberse juntado a otras. Tienen su solar cerca de Orense.

Los Freires andan tan hermanados con los Andrades que traen casi las mismas armas, y aun se tiene por cierto que de ellos proceden los Andrades. Hay de ellos buenos caballeros

Los galacios fueron de los primeros pobladores de España, que vinieron de Francia y, corrupto el vocablo, se llamaron galos, de cuya alcuña han quedado pocos. De estos fue un notable varón que fue obispo de Coria, que llamaron don Martín Galos, de quien se hace mención en la crónica del rey don Juan el Segundo en el capítulo CCXXXI.

Quinta parte: Somozas, Valladares, Rones

Hay los Somozas con juego de dados
que dende la cerca su casta decora,
dando el aviso que ya de Zamora
salió quien al rey mató por sus hados.
Veréis Valladares que están hermanados
con otros, según que sus armas nos cuentan.
También en Galicia los Rones se asientan,
que a voz de bocina tendrán convidados.

Los Somozas son de antigua casta en este reino, aunque también hay otros en el reino de León cuyas armas, que son seis dados de señas en campo colorado, están en la iglesia de León, pero yo tengo que son gallegos por esta razón: porque en la impresión antigua de la historia del rey don Sancho, que murió sobre el cerco de Zamora, está escrito que el caballero que dende la cerca avisó que era salido Vellido Dolfos era un caballero de la tierra de Santiago de los Infanzones, de los Somozas. Tienen su solar en tierra de Val de Mao, y ansí se cuenta la opinión de los que tienen ser de León.

Los Valladares son los mismos con los Sotomayores, porque traen casi las mismas armas y hay de ellos muchos y nobles hidalgos.

Los Rones es antiguo linaje en este reino, entre Galicia y Asturias, porque en ambos reinos tienen asiento. Fueron sus pasados tan valerosos que cada vez que comían hacían tañer por las calles un cuerno para que todos los que quisiesen comer fuesen a su casa, y de aquí quedó en Galicia el refrán que dice «a este son comen los de Ron».

Quinta parte: Los Sanabrias y Ambías

Veremos Sanabrias, de quien su valía
está por Castilla con castas notadas,
la fe de los cuales quedó en los Losadas
aunque otros le hacen también compañía.
Digamos de aquellos que llaman de Ambía
no más de por sola su fuerte batalla,
que fueron tres días sin nadie acabarla
si el rey no apartara su lid y porfía.

Los Sanabrias son los que poseyeron la villa de Sanabria, porque los Losadas y estos son casi todos unos. Fue de estos aquel Men Rodríguez de Sanabria, de quien muchas veces se hace memoria en la historia del rey don Enrique. De estos Sanabrias descendieron los Losadas de quien dos hidalgos mancebos se dispusieron a despoblar aquella montaña de los lagartos, como dijimos arriba, y ansí traen las mismas armas de lagartos y losas, aunque hay unos caballeros en la ciudad de Salamanca, que se dicen Rodríguez de Ledesma, que traen por armas una aspa con cuatro flores de lis, los cuales se tienen que descienden de este Men Rodríguez de Sanabria, cuyo hijo fue un caballero que está enterrado en Ledesma que se dice Gonzalo Rodríguez de Ledesma.

Los de Ambía traen por armas cinco lunas. Es linaje antiguo en Galicia. Poseyeron toda la tierra de Junquera de Ambía con otras muchas, y un caballero de estos, por falta de sucesión, hizo una notable iglesia, y viene dotada de canónigos reglares en su misma tierra, do es también su solar. Y ansí mismo otro caballero de estos Ambías hizo campo con uno de los de Biedma, y duró su batalla tres días, en cada día tantas horas, según se hace mención en la historia del rey don Alonso, que ganó las Algeciras, y ansí, no pudiéndose vencer, los sacó el rey del campo con mucha honra.

Quinta parte: Cadórnigas, Nogueroles y los Temes

Tenían Cadórnigas naturaleza
aquí en este reino no mal arraigados,
aunque se dice que son trasplantados.
También Nogueroles mantienen nobleza.
Hubo otra casta que ya no se reza,
que fueron los Temes plantando sus vides
con uno de aquellos de dos adalides
que a Córdoba dieron su ser y grandeza.

Los Cadórnigas son gentiles hidalgos. Fueron bien arraigados en este reino, pues entre otras cosas tuvieron por suya la villa de Caldelas con toda su tierra y después la vendieron a los señores de la casa de Lemos. Traen por armas una navecilla. Dícese que estos que están en Galicia vienen de una casa que está en las Asturias de Santillana que se llama Cuadérnigas.

De los Nogueroles está la casa y solar cabe la tierra de Monterroso. Hay de estos buenos hidalgos. Llámase su casa la casa de Marantes.

Los de Temes han quedado muy pocos en Galicia, pero por su gran antigüedad hago memoria de ellos, y también porque vienen de estos en la Andalucía unos principales caballeros, que llaman de Córdoba, y esto parece por las mismas armas de las tres vendas que traen. Un caballero de los de Temes fue en Galicia señor de la villa de Chantada y de otras muchas fortalezas. Casó una hija suya con un hijo de uno de aquellos dos adalides tan afamados que fueron Domingo Colodio y Benito Dobaño, que tomaron aquellas puertas de Córdoba, de quien procedió tan noble caballería.

Q<small>UINTA</small> <small>PARTE</small>: Mosqueras, Lemos, Ocampos, Salgados

Hay otra alcuña que llaman Mosquera
con cinco cabezas de lobos armada
que está por Castilla también derramada
siendo Galicia su casta primera.
También la de Lemos irá delantera
con la de Ocampos, gallego el vocablo,
de otra bien ancha con estas os hablo
que son los Salgados de larga bandera.

De los Mosqueras hay en Castilla muchos caballeros y en la Andalucía. Es su solar en este reino en tierra de Mesía y Montaos, do dicen la casa de Lodoira y palacio de Fonteyegua. Tienen por armas cinco cabezas de lobos negros en campo blanco.

Hay otra casta bien noble por sí que llaman de Lemos, de la cual han quedado pocos. Traen por armas trece roeles azules, porque pretenden que son de los Castros.

Los Ocampos es una alcuña y casta de que en muchos pueblos de Castilla hay buenos caballeros, y el nombre es gallego, que por «el campo» dicen «o campo». Tienen su solar en la ciudad de Santiago, en una plaza que llaman Ocampo, de la cual tomaron nombre. Traen por armas siete escaques alzados y ocho hundidos.

Los Salgados es buena casta, y casi se pierde la cuenta de los buenos hidalgos por haber como hay muchos de esta alcuña. Traen por armas un salero y un ave.

Quinta parte: Bermúdez y Dezas o Suárez, que fueron Turrechaos

En estos solares notorios y llanos
digamos la casa que agora mantienen
aquellos Bermúdez, pues ancha la tienen
al suelo y la torre que llaman Montanos.
También de los Dezas que son Turrechanos,
aunque ya dejan aqueste apellido
después que hicieron el hecho atrevido,
que al propio perlado mataron a manos.

Este solar de los Bermúdez es de buenos hidalgos y vienen de un solar que llaman de Montaos, del cual vienen los Pregos y Silvaos. Está este solar par de la ciudad de Santiago. Traen por armas unos escaques dorados en campo colorado. Es agora de las casas sin título la más principal de Galicia.

Los Dezas y Suárez son los Turrechaos, que de antes ansí se llamaron, los cuales fueron los que mataron a un arzobispo de Santiago que llamaron don Suero a la puerta de la iglesia, estando el rey don Pedro dentro, en la misma iglesia del Apóstol, y después acá perdieron este nombre de Turrechaos, y son agora los que dicen Dezas o Suárez. Tienen su suelo en la ciudad de Santiago. Traen una torre por armas.

Quinta parte: Ozores, Españas, Araújos, Gaiosos, Varelas

Con castas bien nobles contad los Ozores,
que no procedieron de gentes extrañas.
También de muy lejos descienden Españas
pues de esto los templos son bien sabidores.
También Araújos no son de menores,
ni aquellos Gaiosos con armas sencillas.
Hay muchos Varelas que son los Varillas
de quien en Castilla veréis los mejores.

Los Ozores es noble casta y conocida. Salen de la casa de Ulloa. Tienen solar conocido cerca de la villa de Salvatierra. Traen por armas [...][255].

Esta casa de los Españas es natural y son de la ciudad de Santiago de que hay buenos hidalgos y de antigüedad, la cual parece en una principal capilla que tienen en la iglesia mayor de aquella ciudad, junto a la del rey de Francia. Traen por armas un racimo de uvas en un escudo blanco.

Los Gaiosos es señalada casta en este reino. Dícese su solar Mirapeje[256], que es par de la ciudad de Lugo. Traen por armas tres bandas y, entre banda y banda, una trucha gayada.

Los Varelas es buena casta de hidalgos en Galicia y hay de ellos en Castilla buenos caballeros que llaman Varillas, trocado el vocablo gallego[257]. Tienen su solar cerca de la ciudad de Santiago. Traen por armas cinco barras verdes en campo colorado.

---

255 Interrompido no orixinal. Os Ozores teñen un escudo partido. No primeiro cuartel, en campo de ouro, un león rampante de púrpura, armado e linguado de goles. No segundo, en campo de azur, cinco flores de lis de ouro postas en sotuer.

256 No orixinal «mira pexe». Hoxe en día o único rastro deste topónimo en Galicia é o pazo de Mirapeixe en Outeiro de Rei (próximo a Lugo, como di Molina), que en efecto tivo entre os seus diversos propietarios a casa dos Gaioso (Pardo 2021: p. 303). Ademais deste pazo, hai un apelido detoponímico valenciano *Mirapeix* e varios *Mirapeis* e *Mirapeish* no sur da Occitania.

257 Realmente *Varela* (apelido de orixe detoponímica) non procede do diminutivo de *vara*, senón do de *vala* («valo»), mediante disimilación do *-l-* en *-r-* como foi común en voces con varias consoantes laterais. A orixe deste apelido é semellante á de *Valiño* (en ocasións escrito *Baliño*).

Quinta parte: De los Aceijas y Pargas y Bendañas y Reinosos

También de los Aceijas debemos hablar,
que traen aquellas palomas pardillas.
También con palomas que son amarillas
demuestran los Pargas su torre y solar,
y entre ellos Bendañas podemos pintar
y aquel Villouzás, solar conocido,
también fue Reinoso el primero que vido
la cruz con que pudo la guerra acabar.

Los Aceijas son honrados hidalgos en Galicia. Tienen solar conocido hacia la ciudad de Lugo. Traen por armas tres palomas pardas.

Son también los Pargas en este reino de notorio apellido de aquella torre. Traen por armas tres barras amarillas en campo azul. Los Bendañas son ansí mismo hidalgos conocidos. Traen por armas un escudo dorado con ciertos torteros.

Los Reinosos, aunque los más de ellos están por el reino de León, el primero de ellos fue un hidalgo de este reino, el cual hallándose con el rey don Alonso de Castilla el día que estaba para dar la batalla al Miramamolín en las Navas de Tolosa vio primero que todos una cruz colorada que en el cielo se apareció y la mostró al rey, el cual le dio luego su bandera y lo hizo su alférez y diole ansí mismo por armas la cruz colorada en un escudo blanco.

Quinta parte: De los Caamaños y de los Aguiares y de los Bolaños

También en Galicia veréis los Caamaños,
notorios hidalgos y buenos solares.
Hay otros antiguos que son Aguiares,
que ya de muy lejos se pierden sus años.
Con estos se abrazan los viejos Bolaños,
que estando cercados con hambre y afán,
un solo cordero que había y un pan
lo arrojan al campo cubriendo sus daños.

El solar de los Caamaños es par de La Coruña. Son honrados hidalgos. Traen por armas un escudo dorado y un brazo en manos de un ángel entre dos alas teniendo con la mano una corona.

Los Aguiares es de los más antiguos linajes de Galicia. Traen por armas un águila parda levantada en campo azul.

Los Bolaños son ansí mismo de mucha antigüedad, son casi unos con los de Ribadeneira, excepto que los Bolaños traen más en sus armas un cordero y un bollo, porque dicen que estando en Lugo cercado un caballero de donde este linaje desciende, no teniendo consigo ya casi bastimento ninguno, hizo un bollo de un poco de harina que le había quedado y, despedazando un cordero solo que tenía, lo echó en el campo a vista de todos, dando a entender que había abundancia de mantenimiento, por lo cual el real se alzó de allí, y ansí tomaron de sus mismas armas el nombre, porque se llaman Bolaños por el bollo y el año, que es cordero, que este bollo y este cordero traen por armas.

Quinta parte: De los Montenegros y de los Prados

Los Montenegros aquí son fundados,
que libertaron aquella doncella
de testimonios y falsa querella
que en casa del rey le son levantados.
También en Galicia nacieron los Prados
y porque de aquestos alguno se muestre
fue don Juan Núñez de Prado, el maestre
de Calatrava, de los señalados.

Los Montenegros tienen su suelo y nacimiento en este reino y procedieron de un hidalgo gallego y de una doncella parienta de un rey de Galicia, a la cual, habiéndole levantado unos traidores una gran traición, fue presa hasta tanto que diese quien la librase. Y este hidalgo, movido a compasión, tomó su hecho por propio y hubo batalla y cortó la cabeza al capital de la traición, y, vista esta averiguación, el rey la casó luego con este caballero que la libró, y de estos vienen los Montenegros, los cuales traen por armas una m, porque aquella doncella se llamaba María.

Los Prados dicen que proceden de un infante que se echó con una doncella en un prado, de la cual hubo generación, que son estos Prados tomando nombre del prado y cama do fueron engendrados, tomaron entonces por armas, aunque después las mudaron, un león negro en campo amarillo, y un pino y una doncella. Hubo de este linaje en tiempo del rey don Pedro un maestre de Calatrava que llamaron don Juan Núñez de Prado, a quien el dicho rey hizo matar en el castillo de la villa de Maqueda[258], como parece en su historia.

---

258 Localidade toledana.

Quinta parte: De los de Biedmas

Aquel buen bastón que fue bien mandado
a Íñigo Íñiguez y bien merecido
pidiendo se cumpla su don prometido
al rey de su escudo fue luego quitado
con más justa causa por cierto ganado
que cuantos ponemos en estos blasones,
pues a la reina libró de prisiones
de moros con otras que habían tomado.

Estos caballeros y casa fueron naturales de este reino, aunque en él no ha quedado esta casta, sino su casa y mayorazgo de los principales de Galicia, que es toda la tierra de Limia y la de Sotobermú[259] y otros muchos cotos y tierras que están agora y vinieron por sucesión a la casa de Monterrei. Proceden de un caballero que hizo el más valeroso hecho que pudo acaecer en España. Llamose el primero don Íñigo Íñiguez de Biedma, el cual estando en servicio del rey de Aragón, que tenía guerra con los moros, sucedió que yendo la reina con ciertas doncellas no muy acompañada de un lugar a otro fue salteada de moros, lo cual viniendo primero a noticia de este caballero, que se halló muy cerca de allí, fue en pos de los moros con poca compañía y les quitó muy animosamente a la reina y las que más llevaban, y salteando una halló que era su propia esposa, y ansí torna a seguir a los que la llevaban, en que hizo lo mismo que con la reina. Por el cual hecho no pidió al rey otra cosa sino un bastón de sus armas y el rey se lo concedió, mas viendo este caballero que todavía traía el rey aquel bastón en sus escudos reales, se agravió de ello diciendo que pues se lo había dado que no había de quedar en sus armas, y ansí el rey con sus propias manos lo quitó y se lo dio, como hoy día

---

259   Lugar sen identificar, «sotobermu» e «soto bermu» na edición impresa e no manuscrito, Parrilla tamén dá Sotobermu. Tendo en conta a terminación en *-u*, debe ser palabra oxítona, o que suxire un composto de SALTU (> *souto*) e VEREMUDI (> **vermude*) e que coincidiría con outros nomes semellantes (*Bermún, Bermui, Bermuin, Ponte Bermuz*). García España (2008: p. 212) establece a continuidade entre este *Sotobermu* e un *Sotovermud* recollido no censo de 1970 na provincia de Ourense, o que reforza esta hipótese sobre a súa orixe. Hoxe en día xa non existe ningún lugar con este nome.

Quinta parte: De los de Biedmas

traen los Biedmas un bastón por armas y con él las ocho calderas que solían traer. Está sepultado este caballero en Jaén. Sus sucesores vinieron a este reino, do les fueron dadas grandes tierras, como agora dije.

Quinta parte: De los ilustres

De los solares y casas de los ilustres, y comienzo de los Moscosos.

Agora de los ilustres tomemos el bando
que dentro en Galicia mantienen su silla
y algunas de aquestas allá por Castilla
sus casas y estados han ido alargando,
y aquí los Moscosos se quedan lustrando
su patria aunque lejos su fama respira,
pues todos conocen aquel de Altamira
y más las cabezas de lobos mirando.

El solar y casa de los Moscosos es tan notoria en este reino, de los cuales
ha habido señalados caballeros, y agora es la casa y condado de Altamira,
que es en Galicia principal cabeza y muy tenida, y un caballero de estos
casó con una señora de la casa de Arjona, por quien agora los señores de
la casa de Altamira poseen en Galicia muchas tierras. Traen por armas
una cabeza de lobo pardo en campo dorado. Está su solar en tierra de
Montaos, entre las ciudades de La Coruña y Betanzos.

Quinta parte: De los Castros

La casa y bien ancha que hinche a Castilla,
también Aragón y allá en Portugal
es la de Castros, de casa real,
que Nuño Laínez fundó su cuadrilla,
la cual en Galicia mejor se acaudilla
de aquella su infanta tomando corona
de donde provino la casa de Arjona
que aquel rey don Juan quitó de su silla.

De esta casa y apellidos de los Castros hay casas principales en Castilla y en Aragón y en Portugal, demás del estado grande que hay en este reino. Comenzaron de Nuño Laínez, que pobló a Peñafiel. Vinieron de estos insignes caballeros uno que se dijo don Gutierre Hernández de Castro, fue ayo del rey don Alonso, hijo del rey don Sancho, y otro, hermano de aquel don Gutierre, que se decía don Fernán Ruíz de Castro, casó con la infanta doña Juana, hermana del rey don Enrique el Noble, y de este don Fernando de Castro fue nieto el duque de Arjona, a quien el rey don Juan el Segundo mandó matar. Esta es la casa de Lemos en Galicia. Traen por armas seis roeles azules en campo blanco, aunque algunos dicen que estos roeles de los Castros han de ser dorados en campo azul.

Quinta parte: De los Osorios

Las casas de Osorios que están trasplantadas
aquí en este reino de casas ilustres,
ellos de sí se toman sus lustres
sin que digamos do están asentadas,
sino de aquellas hazañas nombradas
de Álvaro Núñez de Osorio que vemos
que hizo principio a la casa de Lemos,
con Sarria y Trastámara bien señaladas.

Los Osorios, aunque la mayor parte de ellos o todos son por Castilla, de
quien hay muchos caballeros y mayorazgos conocidos, las principales
casas y estados son en este reino, porque según vemos en la crónica del
rey don Alonso, que ganó las Algeciras y venció la batalla del Salado,
un caballero que había nombre Álvar Núñez de Osorio privó tanto con
aquel rey que lo hizo conde de Lemos y de Sarria y de Trastámara, que
son principales casas en Galicia. Dioles entonces el rey por armas dos
lobos desollados. El primero de estos caballeros fue el conde don Osorio
de Campos, que fue señor de la casa de Villalobos, como parece en la
crónica del rey don Alonso, que ganó a Toledo.

De aquí de este reino tomaron cimiento
las casas ilustres, notables y dinas,
es Ribadavia, también de Salinas,
que son de la planta que llaman Sarmiento.
De aquesta tal vid más yemas os cuento
que son Santa Marta, no mucho noveles,
que todos consiguen los trece roeles
tomando de sangre real fundamento.

El caballero principal donde esta alcuña desciende se llamó Pero Sarmiento, el cual casó con una infanta en Castilla, al cual le fue dada la repostería[260] mayor del rey. Procede de ellos el condado y casa de Salinas, y también el condado de Santa Marta en Galicia, que es muy antiguo, cuyo fue el adelantamiento de este reino, aunque después el rey don Enrique el Cuarto, por muerte de un señor de aquella casa, lo dio a un privado suyo que se decía Pareja. También procede de estos el condado de Ribadavia, que es principal en Galicia, y la casa de Salvatierra. Traen estos Sarmientos por armas trece roeles dorados en campo blanco. Salió este linaje de la ciudad de Mondoñedo[261] en este reino, que por otro nombre se llama Villamayor.

---

260   Oficio de quen se encargaba da orde e custodia dos obxectos do palacio pertencentes ó servizo de prata, de cama, de estrado, etc.

261   É probable que Molina coñecese en Mondoñedo a pedra armeira existente hoxe no pazo de San Isidro, do Couto do Outeiro. Baixo o escudo cos trece roeis dos Sarmiento consta a seguinte lenda: «Esta es la casa de solar de los Sarmientos fvndada en este Ovteiro para la gvarda del reino de los moros persegvido por mar i tierra ofendido i el conde Osorio a Dios pide le gvarde i a los nobles svs parientes i mas a svs allegados qve en las batallas le asisten les da despoxos insines i de Pelaio mercez». Lence-Santar (1911) informa de que en 1656 o pazo dos Baamonde, hoxe coñecido como pazo de San Isidro, contaba con catro torres en cada esquina. Unha daquelas torres, «que está con su piedra de armas y letrero antiguo», era o soar dos Sarmiento.

Quinta parte: Villandrandos, condado de Ribadeo

Aqueste linaje del reino es quitado
pues Villandrados muy pocos sabemos,
mas en Galicia sus casas tenemos
que es Ribadeo antiguo condado,
que agora Salinas lo tiene abrazado
de aquel buen gallego que en hecho fue tal
que lo asentaron en mesa real
por privilegio que a pocos es dado.

Este condado de Ribadeo que es en este reino posee agora el conde de Salinas. Tiene el privilegio de comer a la mesa de los reyes de Castilla el día de los Reyes por lo que luego diremos. Proceden de un hidalgo muy valiente y esforzado natural de aquella villa, el cual vivió muchos días con el rey de Francia, y, sabiendo allí que el rey de Castilla estaba cercado de muchos enemigos, se pasó a ayudarle, donde se señaló tanto que fue parte para que el cerco se le alzase, y no pidió otra merced al rey sino que comiese un día con él a su mesa, y el rey demás de esto le dio la villa y estado de Ribadeo. Llamábase Villandrando. Traen por armas[…]262.

---

262 Interrompido no orixinal. O escudo tradicionalmente atribuído ó apelido Villandrando, recollido por diversas fontes especializadas en heráldica, consta dun campo de ouro cuartelado. Cuarteis primeiro e cuarto cunha lúa formada por cadrados alternados negros e dourados. Cuarteis segundo e terceiro con tres bandas de azur. Bordura de azur, cargada con oito castelos de ouro distribuídos ó seu arredor.

Quinta parte: De los Fajardos

Aquel esforzado varón y gallego
que de Galicia salió su cimiento
al reino de Murcia trasplanta su asiento
dejando en Galicia su ser solariego,
a quien Manuel el premio da luego
pues bien merecida le dan a Lebrija,
por la pelea y batalla bien fija
que tuvo con moros mostrando su fuego.

El fundamento de los Fajardos fue de este reino, de un lugar que llaman Santa Marta de Ortiguera, de los cuales casi ninguno queda ni hay en Galicia, en que un hidalgo que llamaban Pero Gallego fue a la ciudad de Murcia, donde al infante don Manuel, que era entonces señor de la mayor parte de aquel reino, libró de grandes afrentas que con los moros le avinieron, y, entre los hechos notables que hizo fue que, llegando a beber a una fuente, halló cinco moros y peleó con todos y los mató. Y después, viniendo gran poder de moros de la ciudad de Granada a correr la tierra vino entre ellos un moro muy esforzado, que hacía gran daño y entradas en los cristianos, y el rey rogó a este gallego que matase aquel moro, y ansí lo hizo, que un día en una escaramuza lo derribó del caballo de una lanzada, por lo cual le dio luego la villa de Lebrija y otras muchas tierras. Traen por armas unas matas de ortigas, por la naturaleza de Santa Marta de Ortiguera. Es agora la casa del marqués de los Vélez, de las principales de la Andalucía, entre el reino de Granada y el de Murcia.

Quinta parte: De los Ulloas

Digamos el suelo subido y honroso
muy principal Galicia de Ulloa,
de quien me pudiera extender en su loa
sino me dijesen que soy sospechoso.
Es muy antiguo solar generoso
y para que sientan si en ello me ensancho
de estos desciende aquel conde don Sancho
abuelo de aqueste no menos valioso.

El solar y casa de los de Ulloa es de los principales y antiguos de este reino. Es su suelo do dicen Villamayor de Ulloa, y es tan antiguo este linaje que vi en una crónica francesa que en una batalla que hubieron los franceses con los gallegos se señaló mucho un caballero de Galicia que se llamó Sancho de Ulloa, y de esta casta y linaje han salido valerosos caballeros. Fue uno el conde don Sancho, fue de gran estima y esforzado, e hizo señaladas cosas en las guerras del reino de Granada contra moros. Este fue el abuelo del conde don Alonso de Fonseca, que agora es de Monterrei. Traen por armas ciertas barras en campo dorado.

Quinta parte: Las armas de Galicia

Las armas del reino no queden sin cuento
y sepan las gentes su ser y su arte
que pues que tratamos de partes y en parte
digamos al todo su escudo y cimiento,
que es hostia y un cáliz con su acatamiento
de aquella victoria del reino gallego,
que ansí por notoria la digo y alego
y más por testigo tan gran sacramento.

Las armas de este reino de Galicia son un cáliz con una hostia dentro, lo cual vino de no haberse perdido este reino ni sido tomado por los moros, porque antes que España se perdiese se tenía en todas partes el Santo Sacramento descubierto, y después, por aquella pérdida, cuando se recobró se pone en los altares cubierto. Y como Galicia no fue ganada de moros, se quedó con aquella ceremonia o costumbre antigua de tener el sacramento descubierto, y ansí lo traen agora por escudo y armas del reino, y de esto dije arriba hablando de los casos notables, tocando en la ciudad de Lugo.

Quinta parte: De las armas del Apóstol

Agora en el cabo por gusto y sazón
pongo el escudo de nuestro glorioso,
que de un caballero no mal valeroso
no queden sus armas sin declaración,
que fue de un milagro de un noble varón
el cual, prosiguiendo en la mar sus carreras,
del golfo tan lleno salió de veneras
que agora al Apóstol las dan por blasón.

La razón porque todos los romeros toman por insignias estas veneras o conchas es por el milagro que un caballero devoto de nuestro Apóstol le acaeció, que fue que, viniendo en seguimiento del glorioso cuerpo cuando sus discípulos lo traían a este reino, este caballero, no hallando pasaje en un brazo de mar que está hacia la villa de Caminha, se entró por el agua a caballo y ansí pasó a Galicia, y cuando salió de la agua, salió todo el cuerpo y su caballo sembrado de estas veneras, y de entonces de aquel milagro se dieron estas por escudo y armas al apóstol Santiago, y el romero que no las lleva consigo le parece que no ha hecho la romería. Dicen que los Pimenteles que traen por armas estas veneras vienen de aquel caballero, mas yo no lo hallo escrito donde esto se toca.

Fin

Pues la memoria se cansa y fallece,
solares hay otros si bien se escudriñan
y por no ponerlos suplico no riñan,
pues el olvido de culpa carece,
ni por aquesto su casta parece
que más prevalece su perpetuidad
que no lo que escribe mi simplicidad
que alguno se olvida que al doble merece.

La antigüedad de este reino es tanta que todo él se podría poner por una sola antigüedad sin particularizar los solares de él. Bien sé que seré culpado de aquel que su alcuña no hallare aquí puesta, y ya que la halle, dirá que no va en buen lugar o en compañía de quien tanto no le conforma, no considerándolo pongo que va en esta prioridad, mas todavía por quitar tan vana queja pongo con los del cabo las casas de los ilustres, por dar satisfacción a aquellos postreros y deshacer la rueda de los primeros, y demás de esto, si alguno hubiere que diga que me faltó en esta obra de decir tal cosa, o que lo digo no está a su labor, o esto se le olvidó, lo otro pudiera decir, en esto fue largo, en lo otro muy corto; el que en todo se hallare más avisado, aunque no se extendiera mucho, tome la pluma y supla mis faltas, con que quitará a mí la culpa y a todos la queja.

Fue impreso el
presente tratado llamado
Descripción del reino de Galicia
en la ciudad de Mondoñedo en
casa de Augustín de Paz[263]
Acabose el segundo
día del mes de
Agosto.
Año mil quinientos y cincuenta.

---

263   O impresor Agustín de Paz (1490-1558) obrou, sucesivamente, en Zamora, Astorga, Mondoñedo, Santiago de Compostela e Oviedo. A Mondoñedo chegou en 1548, requirido polo bispo Diego de Soto. Co bispo e o cabido mindonienses contratou a finais dese ano a impresión de 500 misais e 400 breviarios, empresa que aínda non rematara, polo menos no que se refire ós breviarios, en outubro de 1552. A estadía mindoniense de Paz parece se-la súa etapa profesional máis prolífica. Do seu prelo saíron, ademais dos misais e breviarios citados (dos que non se conserva exemplar ningún) e da presente *Descripción*, os seguintes títulos: *Aerarium commune utriusque iuris*, de Juan Bautista de Villalobos (1550), *Horas de Nuestra Señora según el uso romano* (1550), *Libro de albeyteria* de Francisco de la Reina (1552) e *Coloquios satíricos* de Antonio de Torquemada (1553).
      En Mondoñedo aínda existe unha rúa da Imprenta, na que a tradición quere que estivese o obradoiro de Agustín de Paz.

Índice onomástico

Bibliografía

Arias Sanjurjo, Joaquín (1914): «Una excursión a la Ribera Sagrada», *Boletín de la Comisión Provincial de Monumentos Históricos y Artísticos de Orense*, 5, 97, pp. 41-47. Ourense: Comisión de Monumentos Históricos y Artísticos.

Bará, Milagros (2018): «Fray Juan de Navarrete, el del "Cuerpo Santo"», *Diario de Pontevedra* (18-11-2018), https://www.diariodepontevedra.es/gl/blog/milagros-bara/fray-juan-navarrete-cuerpo-santo/201811181957401009905.html [30-07-2025].

Barros, Carlos (2013): «De la cueva de los monjes al burgo de Ponte Ulla (830-1197)», *Norba*, vol. 25-26, pp. 263-286. Badaxoz: Universidad de Extremadura.

Bascuas, Edelmiro (2002): *Estudios de hidronimia paleoeuropea gallega*. Santiago de Compostela: Universidade de Santiago de Compostela.

Cal Pardo, Enrique (2003): *Episcopologio Mindoniense*. Santiago de Compostela: Instituto de Estudos Galegos Padre Sarmiento.

Carré Alvarellos, Leandro (1977): *Las leyendas tradicionales gallegas*. Madrid: Espasa-Calpe.

DRAE = Real Academia Española: *Diccionario de la lengua española*. Madrid: Real Academia Española. https://dle.rae.es [19 07 2025].

Estrabón (1992): *Geografía. Libros III-IV.* Madrid: Gredos (tradución de José Meana e Félix Piñeiro).

Filgueira Valverde, Xosé (ed.) (1949): *Descripción del reyno de Galizia por el licenciado Bartolomé Sagrario de Molina.* Santiago de Compostela: Bibliófilos Gallegos.

Flórez, Enrique (1767): *España sagrada. Theatro geographico-histori-co de la Iglesia de España. Tomo XXII.* Madrid: Antonio Marín.

Ford, Richard (1878): *A hand-book for travellers in Spain, and readers at home.* Londres: John Murray.

García España, Eduardo (2008): *Censo de pecheros. Carlos I (1528). Tomo I.* Madrid: Instituto Nacional de Estadística.

GNG = Boullón Agrelo, Ana Isabel (coord.): *Guía de nomes galegos.* A Coruña: Real Academia Galega. https://academia.gal/nomes [19-07-2025].

González Dávila, Gil (1650): *Teatro eclesiastico de las Iglesias metropolitanas y catedrales de los Reynos de las dos Castillas, vidas de sus arzobispos y obispos y cosas memorables de sus sedes. Tomo tercero.* Madrid: Diego Diaz de la Carrera.

González González, Francisco (1983): *A propósito de las autonomías. El Bierzo en la encrucijada: evolución histórica.* Ponferrada: Centro de Formación Profesional y Administrativa Lamelas.

Lence-Santar y Gutián, Eduardo (1911): «Del obispado de Mondoñedo. El coto de Otero y los Vaamonde», *El Eco de Galicia*, (30-11-1911), pp. 2-4.

Lence-Santar y Gutián, Eduardo (1943): «El Licenciado Molina y su "Descripción del Reino de Galicia"», *El Museo de Pontevedra*, 2, pp. 136-152.

Meilán García, Antón Xosé (2019): «Os últimos días do mariscal. O testamento e a Igrexa mindoniense», *Cadernos do Seminario de Estudos do Valadouro*, 9.

Morales, Ambrosio de (1765) [1572]: *Viage de Ambrosio de Morales por orden del Rey D. Phelipe II a los Reynos de León, y Galicia, y Principado de Asturias, para reconocer las reliquias de Santos, sepulcros reales, y libros manuscritos de las cathedrales y monasterios.* Madrid: Antonio Marín.

Murado, Miguel-Anxo (2008): *Otra idea de Galicia.* Barcelona: Debate.

Navaza, Gonzalo (1999): *Toponimia de Galicia*. Santiago de Compostela: Editorial Compostela.

Navaza, Gonzalo (2016): «A orixe literaria do nome da Coruña», *Revista Galega de Filoloxía,* 17, pp. 119-164. A Coruña: Universidade da Coruña.

Nuevo, Carlos (2016): «Unha longa tradición vitivinícola co "viño da terra" do Val do Landro», *La Voz de Galicia* (03-01-2016), https://www.lavozdegalicia.es/noticia/amarina/2016/01/03/unha-longa-tradicion-vitivinicola-co-vino-da-terra-do-val-do-landro/0003_201601X3C6991.htm [30-07-2025].

Pardo de Guevara y Valdés, Eduardo (2021): «El Archivo de la Casa de Mirapeixe. Comentarios en torno a su formación, contenido y permanencia», en *Os arquivos familiares: sumando miradas. Actas III Encontro Olga Gallego de Arquivos.* A Coruña: Fundación Olga Gallego, pp. 301-317.

Parrilla, José Antonio (ed.) (1998): *Descripción del Reino de Galicia por el Licenciado Molina.* Sada: Supervisión y Control, S. A.

Pensado, José Luis (1985): *El gallego, Galicia y los gallegos a través de los tiempos.* A Coruña: La Voz de Galicia.

Pérez de Moya, Juan (1585): *Philosofía secreta.* Madrid: Francisco Sánchez.

Pompeio Trogo (1542): *Justino, clarissimo abreviador de la Historia general del famoso y excelente historiador Trogo Pompeyo.* Anveres: Juan Steelsio.

Rojas Villandrando, Agustín de (1611): *El buen repúblico.* Salamanca: Antonia Ramírez.

Taboada y Leal, Nicolás (1877): *Hidrologia médica de Galicia, ó sea, Noticia de las aguas minero-medicinales de las cuatro provincias de este antiguo reino.* Barcelona: Universitat de Barcelona.

Valdés Hansen, Felipe (2010): *Los balleneros en Galicia (siglos XIII al XX).* A Coruña: Fundación Barrié de la Maza.

Xustino, Marco Xuniano (2008): *Epítome de las «Historias Filípicas» de Pompeyo Trogo*. Madrid: Gredos (tradución de José Castro Sánchez).

Yepes, Antonio de (1621): *Crónica general de la Orden de San Benito, 1609-1621*. Valladolid: Viúda de Francisco Fernández de Córdoba.

Índice